100 Days of Timed Tests

MULTIPLICATION & DIVISION
Facts 1 to 12

109 Pages

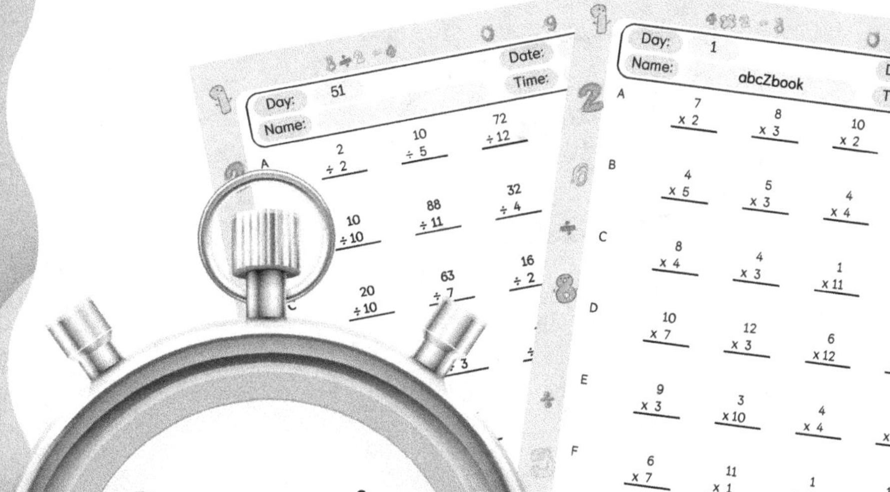

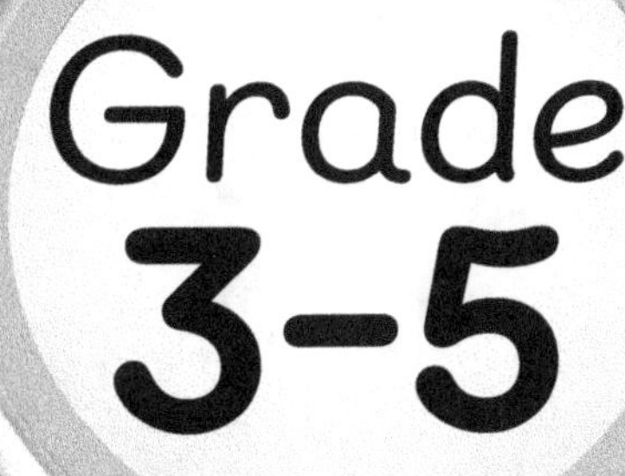

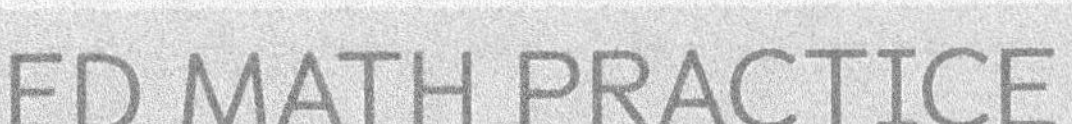

MATH DRILLS   SPEED MATH PRACTICE

Dear Parents,

Thank you for your purchase!

I sincerely hope, this book will be more helpful and interesting for the kids to practice **Multiplication & Division Facts 1 to 12.**

Your opinion matters to us. We'd love to hear from you! You can leave your valuable comments and honest feedback. Please take a moment to write a review. We appreciate your support.

Email us at abczbook@gmail.com with the title "**Multiplication & Division Facts 1 to 12 Workbook**" and get your free practice worksheets!

Hopefully, your kids will enjoy this book.

Enjoy Learning!

abcZbook Press
www.abczbook.com

abcZbook Press
www.abczbook.com

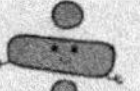
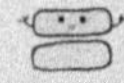

This book belongs to

____

Grade: ____________________

School:____________________

A few minutes of math workout every day will help the children master the math skills.

This "**Multiplication & Division Facts 1 to 12**" is the beginner level math practice workbook for Grade 3-5. This is suitable for Ages 7-10.

This practice workbook contains a set of multiplication and division problems up to number 12. This book is designed to help kids to improve multiplication and division facts up to 12.

These sets of math practice worksheets are designed to test multiplication without regrouping and division without remainder. The kids can challenge themselves with the timed test problems. This book mainly focuses on improving speed, problem solving skills, memory power, and building confidence levels.

This book also contains **Answer Key sheets** at the end of the book, so that you can quickly check the kid's answer. In this book, there are 60 problems to be solved daily and a total of 100 pages of Timed test practice worksheets. It helps the kids to perform consistently and trained to be excellent in multiplication and division problems.

Get more practice from abcZbook's Addition, Subtraction, Multiplication and Division Timed Tests workbooks.

Table of Contents

No.	Sections
1	Problems: Multiplication Facts 1 to 12
2	Problems: Division Facts 1 to 12
3	Multiplication Answer Key Sheet
4	Division Answer Key Sheet
5	Multiplication Tables 1 to 12
6	Division Tables 1 to 12
7	Certificate of Excellence

A

7	8	10	2	4	7
x 2	x 3	x 2	x 3	x 10	x 1

B

4	5	4	3	1	2
x 5	x 3	x 4	x 1	x 11	x 2

C

8	4	1	3	4	2
x 4	x 3	x 11	x 4	x 10	x 2

D

10	12	6	4	11	8
x 7	x 3	x 12	x 6	x 9	x 1

E

9	3	4	12	7	1
x 3	x 10	x 4	x 1	x 6	x 7

F

6	11	1	12	6	5
x 7	x 1	x 8	x 10	x 4	x 2

G

4	8	2	12	9	2
x 6	x 5	x 1	x 11	x 2	x 11

H

1	6	4	12	10	3
x 5	x 5	x 1	x 8	x 9	x 1

I

1	7	10	3	6	3
x 7	x 12	x 5	x 2	x 8	x 11

J

1	6	3	10	10	11
x 3	x 4	x 2	x 5	x 12	x 6

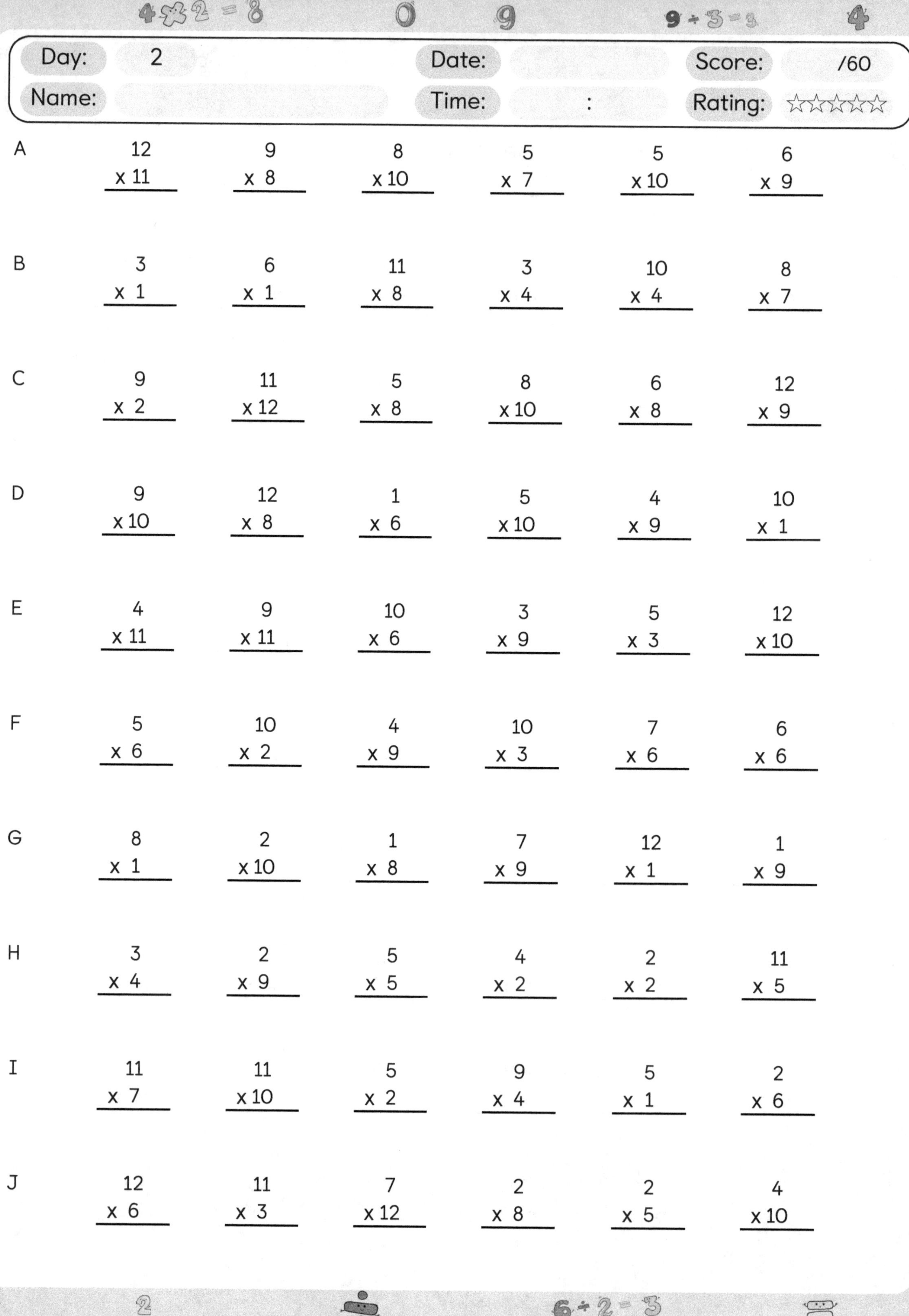

Day: 2   Date: Score: /60
Name: Time: :   Rating: ☆☆☆☆☆☆

A
12   9   8   5   5   6
x 11   x 8   x 10 x 7   x 10 x 9

B
3   6   11   3   10   8
x 1   x 1   x 8   x 4   x 4   x 7

C
9   11   5   8   6   12
x 2   x 12 x 8   x 10 x 8   x 9

D
9   12   1   5   4   10
x 10   x 8   x 6   x 10 x 9   x 1

E
4   9   10   3   5   12
x 11   x 11 x 6   x 9   x 3   x 10

F
5   10   4   10   7   6
x 6   x 2   x 9   x 3   x 6   x 6

G
8   2   1   7   12   1
x 1   x 10 x 8   x 9   x 1   x 9

H
3   2   5   4   2   11
x 4   x 9   x 5   x 2   x 2   x 5

I
11   11   5   9   5   2
x 7   x 10 x 2   x 4   x 1   x 6

J
12   11   7   2   2   4
x 6   x 3   x 12 x 8   x 5   x 10

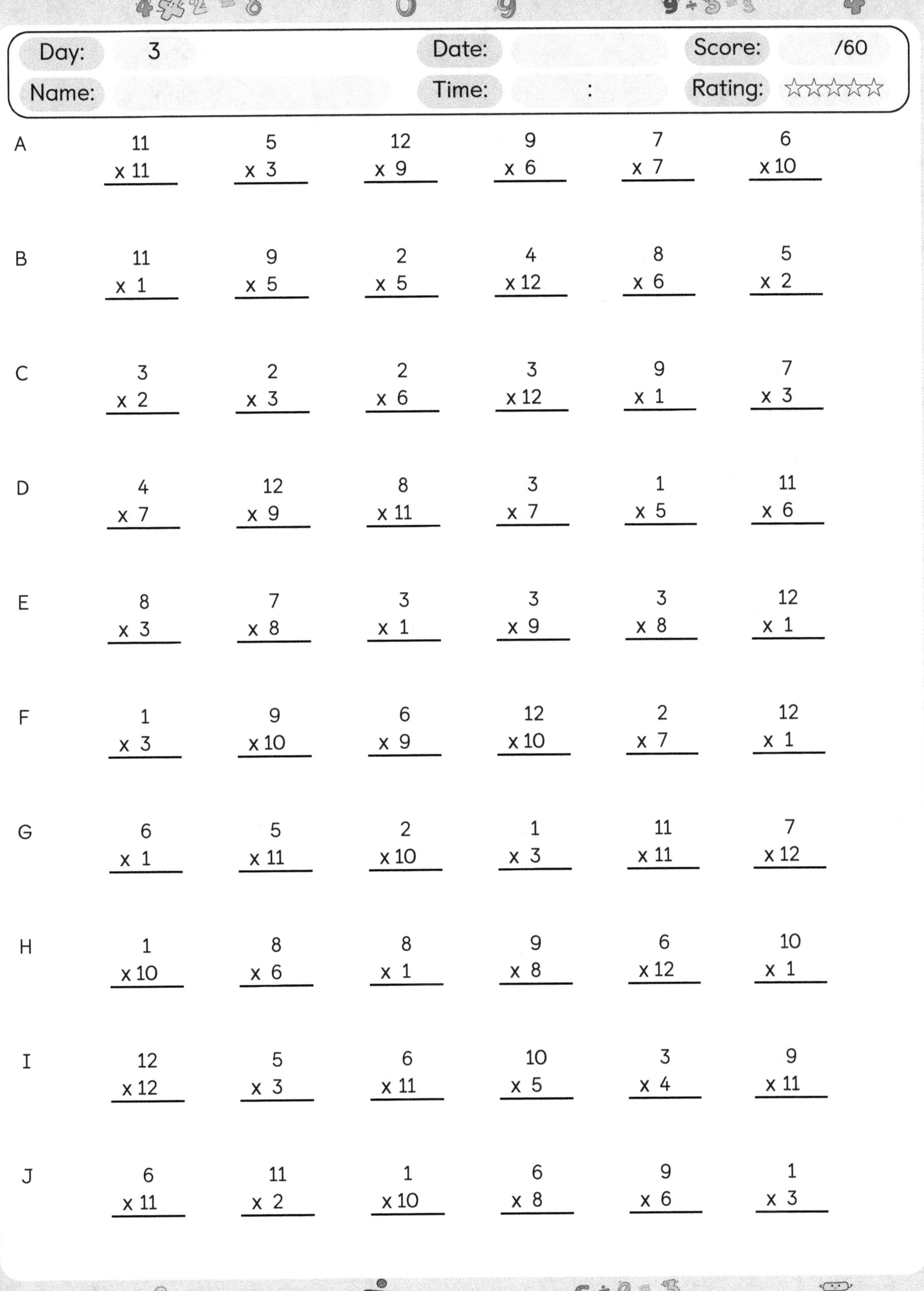

Day: 3
Date:
Score: /60
Name:
Time: :
Rating: ☆☆☆☆☆

A
11   5   12   9   7   6
x 11 x 3 x 9   x 6 x 7 x 10

B
11   9   2   4   8   5
x 1   x 5 x 5 x 12 x 6 x 2

C
3   2   2   3   9   7
x 2 x 3 x 6 x 12 x 1 x 3

D
4   12   8   3   1   11
x 7 x 9 x 11 x 7 x 5 x 6

E
8   7   3   3   3   12
x 3 x 8 x 1 x 9 x 8 x 1

F
1   9   6   12   2   12
x 3 x 10 x 9 x 10 x 7 x 1

G
6   5   2   1   11   7
x 1 x 11 x 10 x 3 x 11 x 12

H
1   8   8   9   6   10
x 10 x 6 x 1 x 8 x 12 x 1

I
12   5   6   10   3   9
x 12 x 3 x 11 x 5 x 4 x 11

J
6   11   1   6   9   1
x 11 x 2 x 10 x 8 x 6 x 3

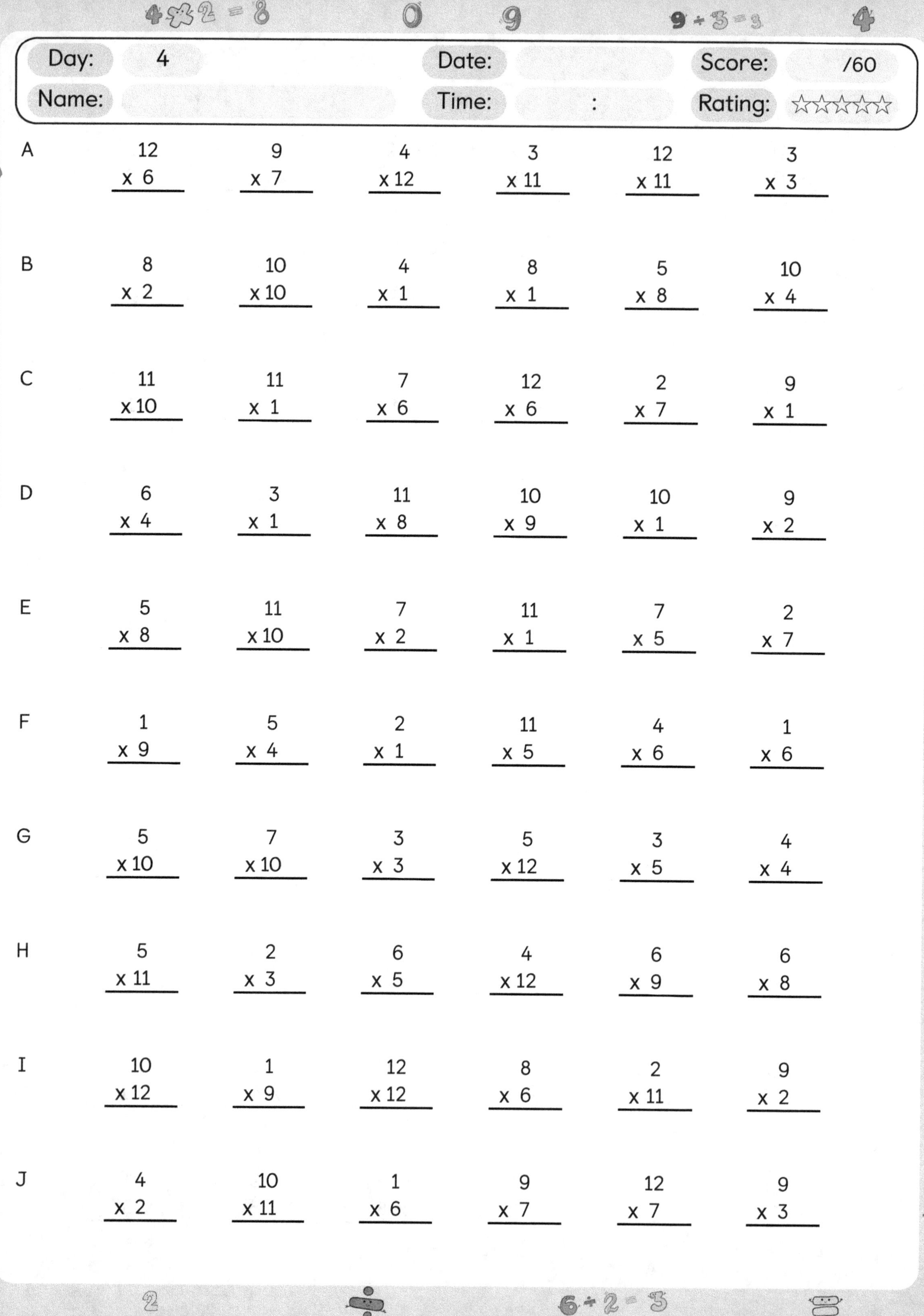

| Day: | 4 | | Date: | | Score: | /60 |
| Name: | | | Time: | : | Rating: | ☆☆☆☆☆☆ |

A	12 × 6	9 × 7	4 × 12	3 × 11	12 × 11	3 × 3
B	8 × 2	10 × 10	4 × 1	8 × 1	5 × 8	10 × 4
C	11 × 10	11 × 1	7 × 6	12 × 6	2 × 7	9 × 1
D	6 × 4	3 × 1	11 × 8	10 × 9	10 × 1	9 × 2
E	5 × 8	11 × 10	7 × 2	11 × 1	7 × 5	2 × 7
F	1 × 9	5 × 4	2 × 1	11 × 5	4 × 6	1 × 6
G	5 × 10	7 × 10	3 × 3	5 × 12	3 × 5	4 × 4
H	5 × 11	2 × 3	6 × 5	4 × 12	6 × 9	6 × 8
I	10 × 12	1 × 9	12 × 12	8 × 6	2 × 11	9 × 2
J	4 × 2	10 × 11	1 × 6	9 × 7	12 × 7	9 × 3

A

10	1	1	2	1	10
× 10	× 7	× 9	× 12	× 11	× 1

B

11	2	8	9	11	3
× 7	× 9	× 3	× 3	× 11	× 4

C

4	5	5	2	6	7
× 9	× 5	× 7	× 6	× 6	× 4

D

11	3	4	1	12	12
× 3	× 3	× 1	× 5	× 4	× 5

E

2	3	8	3	10	6
× 8	× 11	× 4	× 12	× 1	× 11

F

5	4	5	3	7	2
× 6	× 8	× 8	× 4	× 9	× 10

G

12	5	1	12	11	3
× 2	× 12	× 9	× 4	× 1	× 6

H

10	11	3	7	5	4
× 8	× 10	× 6	× 9	× 2	× 2

I

1	4	6	12	7	11
× 1	× 9	× 7	× 9	× 2	× 2

J

5	3	12	7	8	3
× 7	× 12	× 11	× 8	× 2	× 2

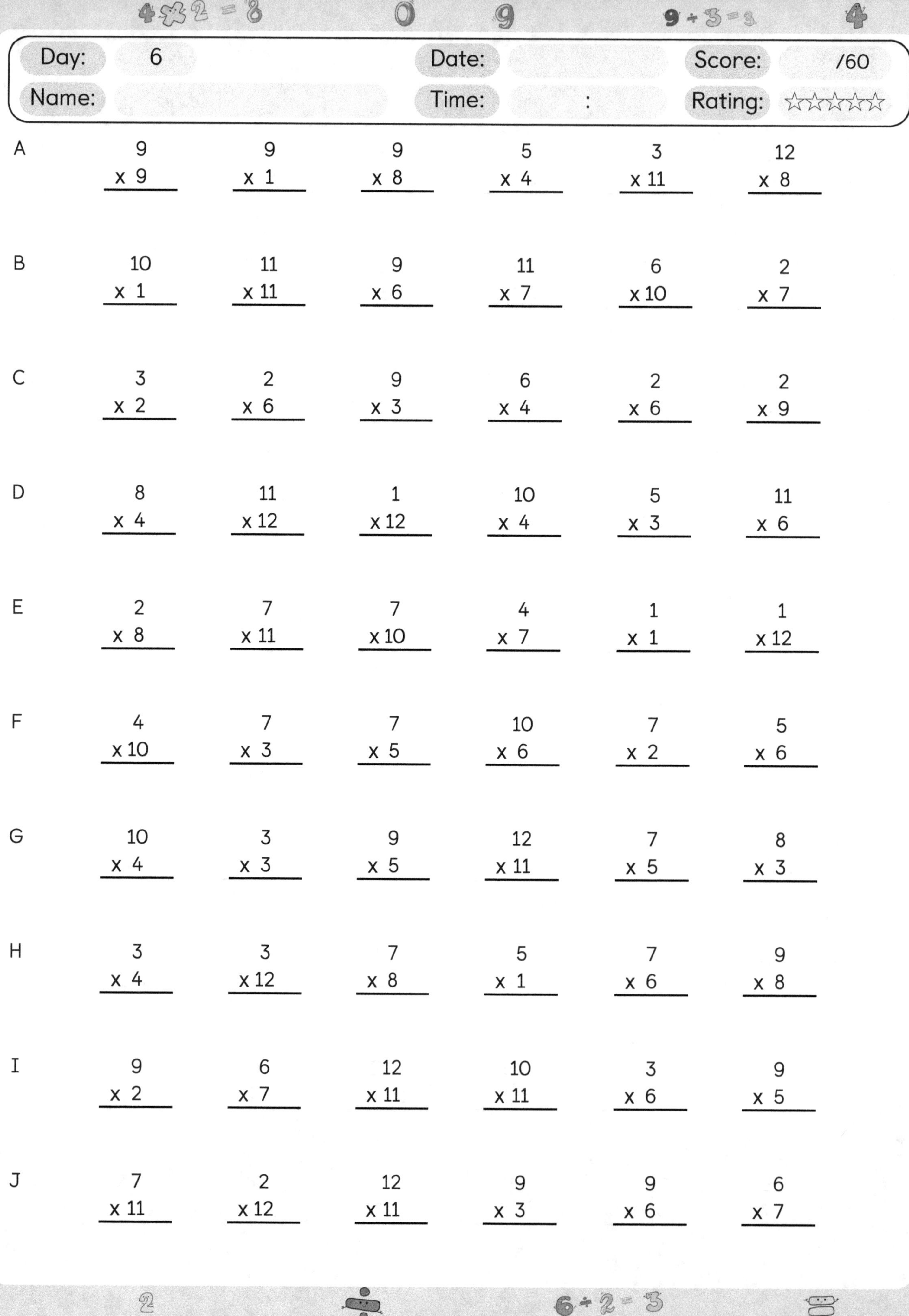

| Day: | 6 | | Date: | | Score: | /60 |
| Name: | | | Time: | : | Rating: | ☆☆☆☆☆ |

A	9 x 9	9 x 1	9 x 8	5 x 4	3 x 11	12 x 8
B	10 x 1	11 x 11	9 x 6	11 x 7	6 x 10	2 x 7
C	3 x 2	2 x 6	9 x 3	6 x 4	2 x 6	2 x 9
D	8 x 4	11 x 12	1 x 12	10 x 4	5 x 3	11 x 6
E	2 x 8	7 x 11	7 x 10	4 x 7	1 x 1	1 x 12
F	4 x 10	7 x 3	7 x 5	10 x 6	7 x 2	5 x 6
G	10 x 4	3 x 3	9 x 5	12 x 11	7 x 5	8 x 3
H	3 x 4	3 x 12	7 x 8	5 x 1	7 x 6	9 x 8
I	9 x 2	6 x 7	12 x 11	10 x 11	3 x 6	9 x 5
J	7 x 11	2 x 12	12 x 11	9 x 3	9 x 6	6 x 7

	1	2	3	4	5	6
A	6 × 9	3 × 2	4 × 2	10 × 9	11 × 9	4 × 2
B	3 × 12	11 × 10	5 × 5	6 × 5	2 × 9	5 × 5
C	10 × 4	2 × 12	2 × 8	2 × 1	11 × 4	7 × 10
D	3 × 7	9 × 3	10 × 5	3 × 12	9 × 7	12 × 5
E	2 × 12	12 × 11	7 × 8	11 × 10	5 × 3	9 × 1
F	6 × 6	9 × 6	10 × 2	6 × 10	11 × 3	2 × 5
G	4 × 2	8 × 1	1 × 5	2 × 1	1 × 4	4 × 8
H	1 × 10	8 × 5	8 × 1	10 × 11	8 × 2	7 × 8
I	10 × 8	3 × 9	5 × 1	9 × 5	11 × 3	1 × 4
J	11 × 4	1 × 4	9 × 4	3 × 11	9 × 11	9 × 12

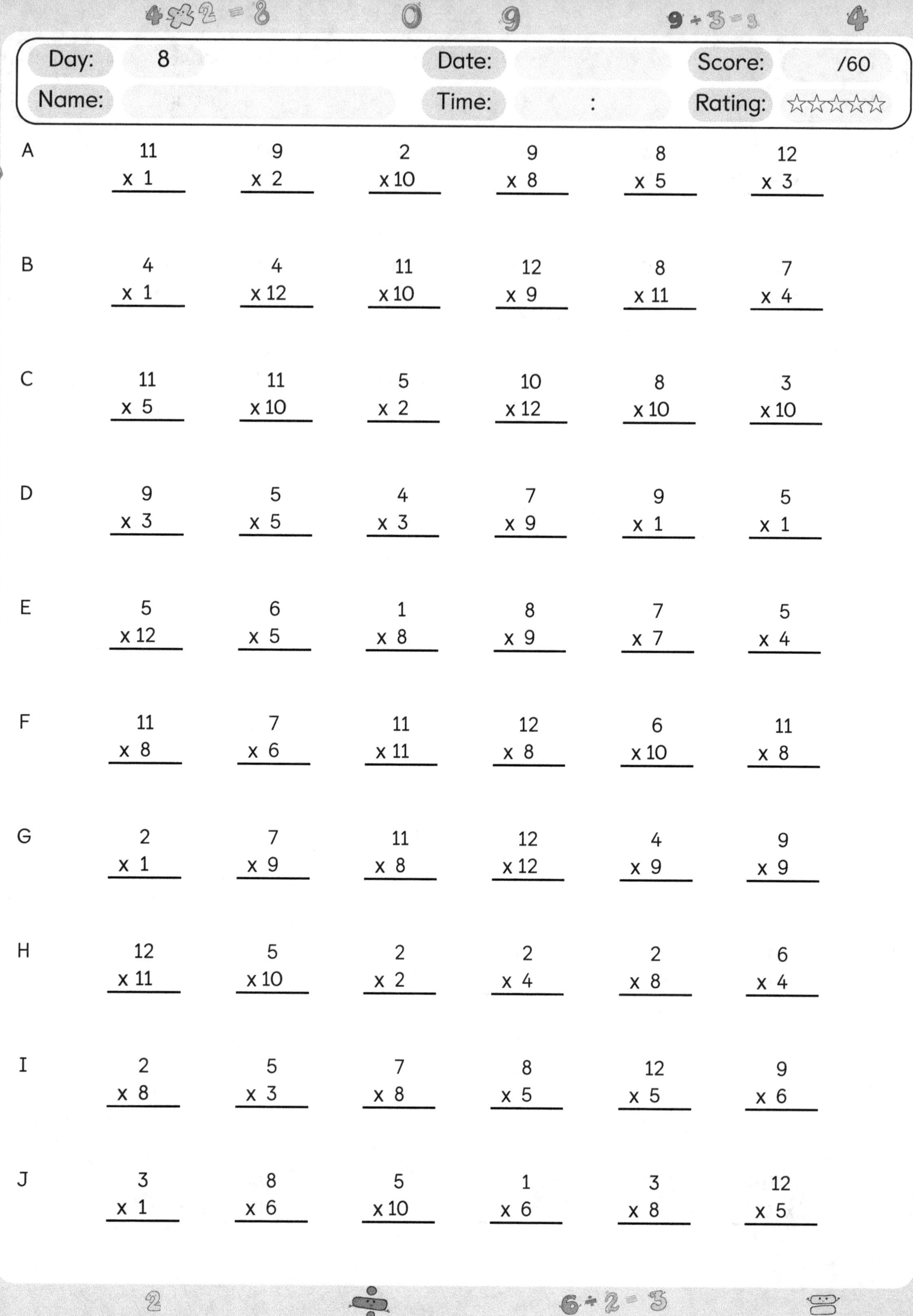

Day: 8
Date:
Score: /60
Name:
Time: :
Rating: ☆☆☆☆☆

A 11   9   2   9   8   12
   x 1   x 2   x 10   x 8   x 5   x 3

B 4   4   11   12   8   7
   x 1   x 12 x 10   x 9   x 11   x 4

C 11   11   5   10   8   3
   x 5   x 10   x 2   x 12   x 10   x 10

D 9   5   4   7   9   5
   x 3   x 5   x 3   x 9   x 1   x 1

E 5   6   1   8   7   5
   x 12   x 5   x 8   x 9   x 7   x 4

F 11   7   11   12   6   11
   x 8   x 6   x 11   x 8   x 10   x 8

G 2   7   11   12   4   9
   x 1   x 9   x 8   x 12   x 9   x 9

H 12   5   2   2   2   6
   x 11   x 10   x 2   x 4   x 8   x 4

I 2   5   7   8   12   9
   x 8   x 3   x 8   x 5   x 5   x 6

J 3   8   5   1   3   12
   x 1   x 6   x 10   x 6   x 8   x 5

<table>
<tr><td>Day:</td><td>9</td><td>Date:</td><td></td><td>Score:</td><td>/60</td></tr>
<tr><td>Name:</td><td></td><td>Time:</td><td>:</td><td>Rating:</td><td>☆☆☆☆☆☆</td></tr>
</table>

A	3 x 6	1 x 8	7 x 6	8 x 11	3 x 6	3 x 11
B	8 x 5	11 x 10	3 x 2	10 x 10	2 x 6	4 x 4
C	6 x 2	9 x 2	4 x 2	4 x 11	5 x 10	3 x 4
D	11 x 10	7 x 9	8 x 9	7 x 1	6 x 7	1 x 7
E	2 x 2	9 x 5	6 x 9	8 x 3	1 x 1	9 x 10
F	11 x 4	12 x 9	3 x 1	2 x 6	9 x 6	5 x 7
G	8 x 3	7 x 12	7 x 8	4 x 8	4 x 3	1 x 8
H	6 x 10	1 x 5	9 x 11	6 x 5	10 x 6	1 x 4
I	4 x 3	6 x 8	7 x 1	7 x 7	3 x 3	5 x 1
J	7 x 12	1 x 10	9 x 9	9 x 11	8 x 3	2 x 1

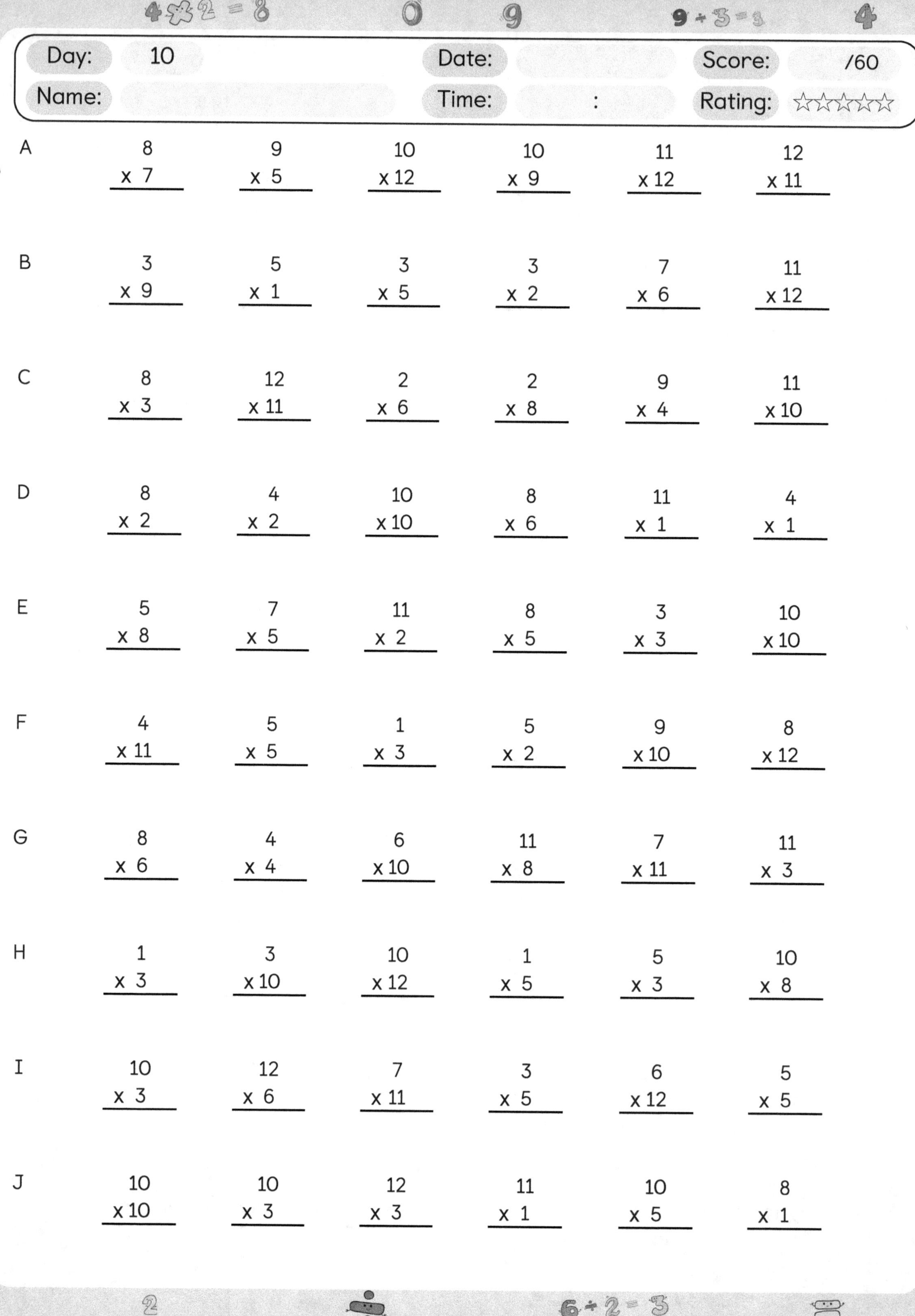

Day: 10
Date:
Score: /60
Name:
Time: :
Rating: ☆☆☆☆☆☆

A
8
x 7

9
x 5

10
x 12

10
x 9

11
x 12

12
x 11

B
3
x 9

5
x 1

3
x 5

3
x 2

7
x 6

11
x 12

C
8
x 3

12
x 11

2
x 6

2
x 8

9
x 4

11
x 10

D
8
x 2

4
x 2

10
x 10

8
x 6

11
x 1

4
x 1

E
5
x 8

7
x 5

11
x 2

8
x 5

3
x 3

10
x 10

F
4
x 11

5
x 5

1
x 3

5
x 2

9
x 10

8
x 12

G
8
x 6

4
x 4

6
x 10

11
x 8

7
x 11

11
x 3

H
1
x 3

3
x 10

10
x 12

1
x 5

5
x 3

10
x 8

I
10
x 3

12
x 6

7
x 11

3
x 5

6
x 12

5
x 5

J
10
x 10

10
x 3

12
x 3

11
x 1

10
x 5

8
x 1

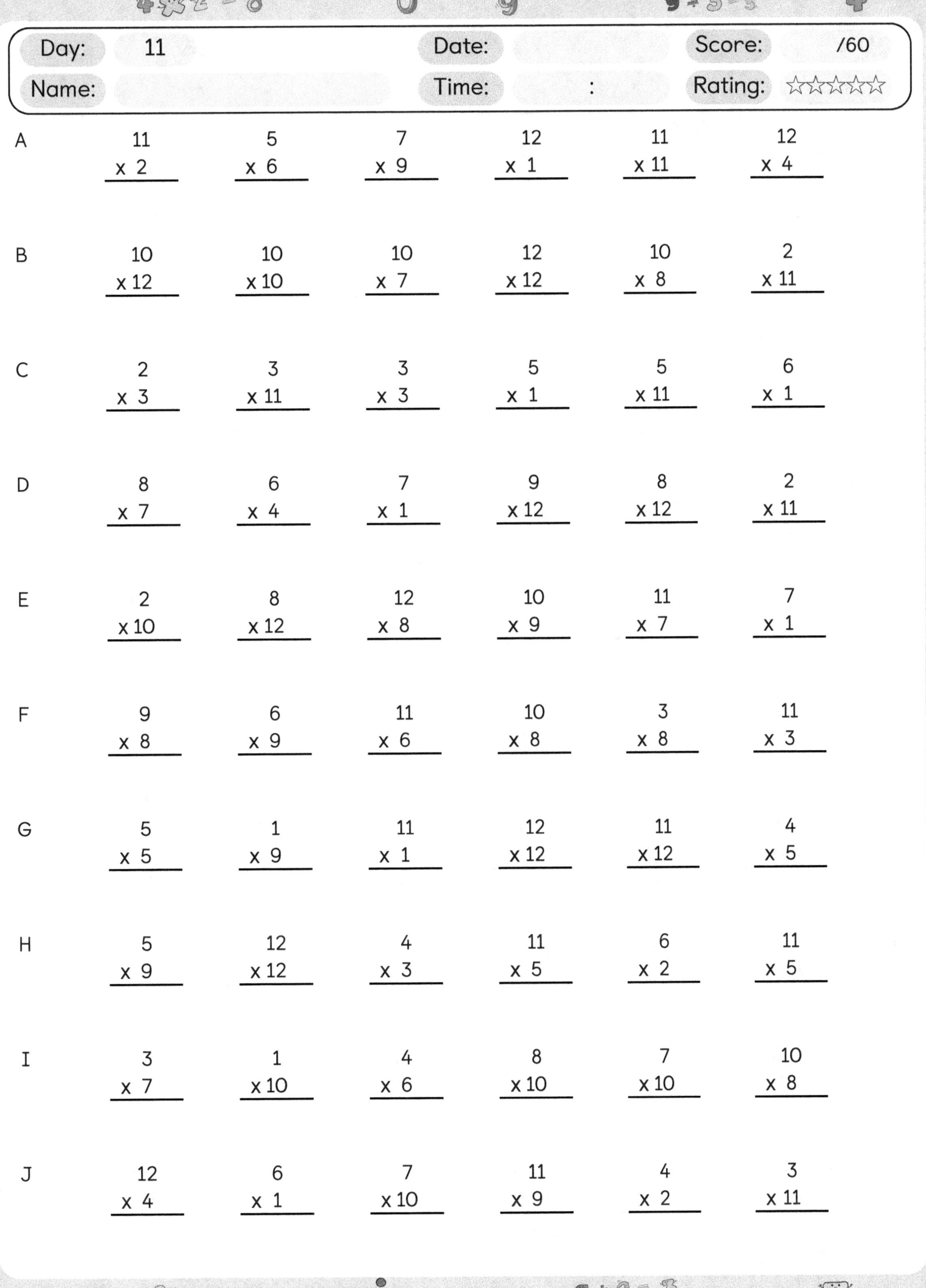

Day: 11
Date:
Score: /60
Name:
Time: :
Rating: ☆☆☆☆☆☆

A
11 x 2   5 x 6   7 x 9   12 x 1   11 x 11   12 x 4

B
10 x 12   10 x 10   10 x 7   12 x 12   10 x 8   2 x 11

C
2 x 3   3 x 11   3 x 3   5 x 1   5 x 11   6 x 1

D
8 x 7   6 x 4   7 x 1   9 x 12   8 x 12   2 x 11

E
2 x 10   8 x 12   12 x 8   10 x 9   11 x 7   7 x 1

F
9 x 8   6 x 9   11 x 6   10 x 8   3 x 8   11 x 3

G
5 x 5   1 x 9   11 x 1   12 x 12   11 x 12   4 x 5

H
5 x 9   12 x 12   4 x 3   11 x 5   6 x 2   11 x 5

I
3 x 7   1 x 10   4 x 6   8 x 10   7 x 10   10 x 8

J
12 x 4   6 x 1   7 x 10   11 x 9   4 x 2   3 x 11

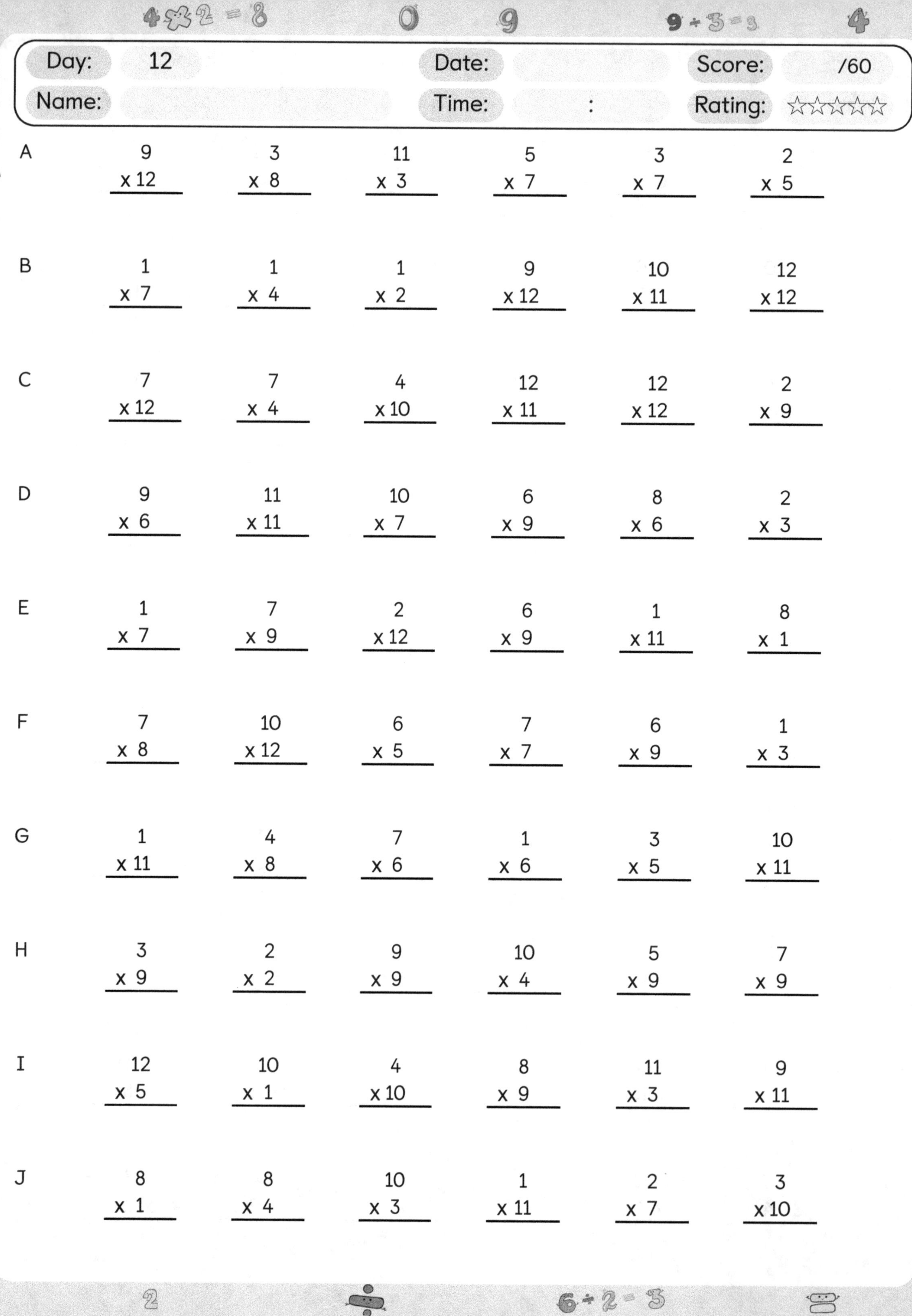

| Day: | 12 | | Date: | | Score: | /60 |
| Name: | | | Time: | : | Rating: | ☆☆☆☆☆☆ |

A	9 x 12	3 x 8	11 x 3	5 x 7	3 x 7	2 x 5
B	1 x 7	1 x 4	1 x 2	9 x 12	10 x 11	12 x 12
C	7 x 12	7 x 4	4 x 10	12 x 11	12 x 12	2 x 9
D	9 x 6	11 x 11	10 x 7	6 x 9	8 x 6	2 x 3
E	1 x 7	7 x 9	2 x 12	6 x 9	1 x 11	8 x 1
F	7 x 8	10 x 12	6 x 5	7 x 7	6 x 9	1 x 3
G	1 x 11	4 x 8	7 x 6	1 x 6	3 x 5	10 x 11
H	3 x 9	2 x 2	9 x 9	10 x 4	5 x 9	7 x 9
I	12 x 5	10 x 1	4 x 10	8 x 9	11 x 3	9 x 11
J	8 x 1	8 x 4	10 x 3	1 x 11	2 x 7	3 x 10

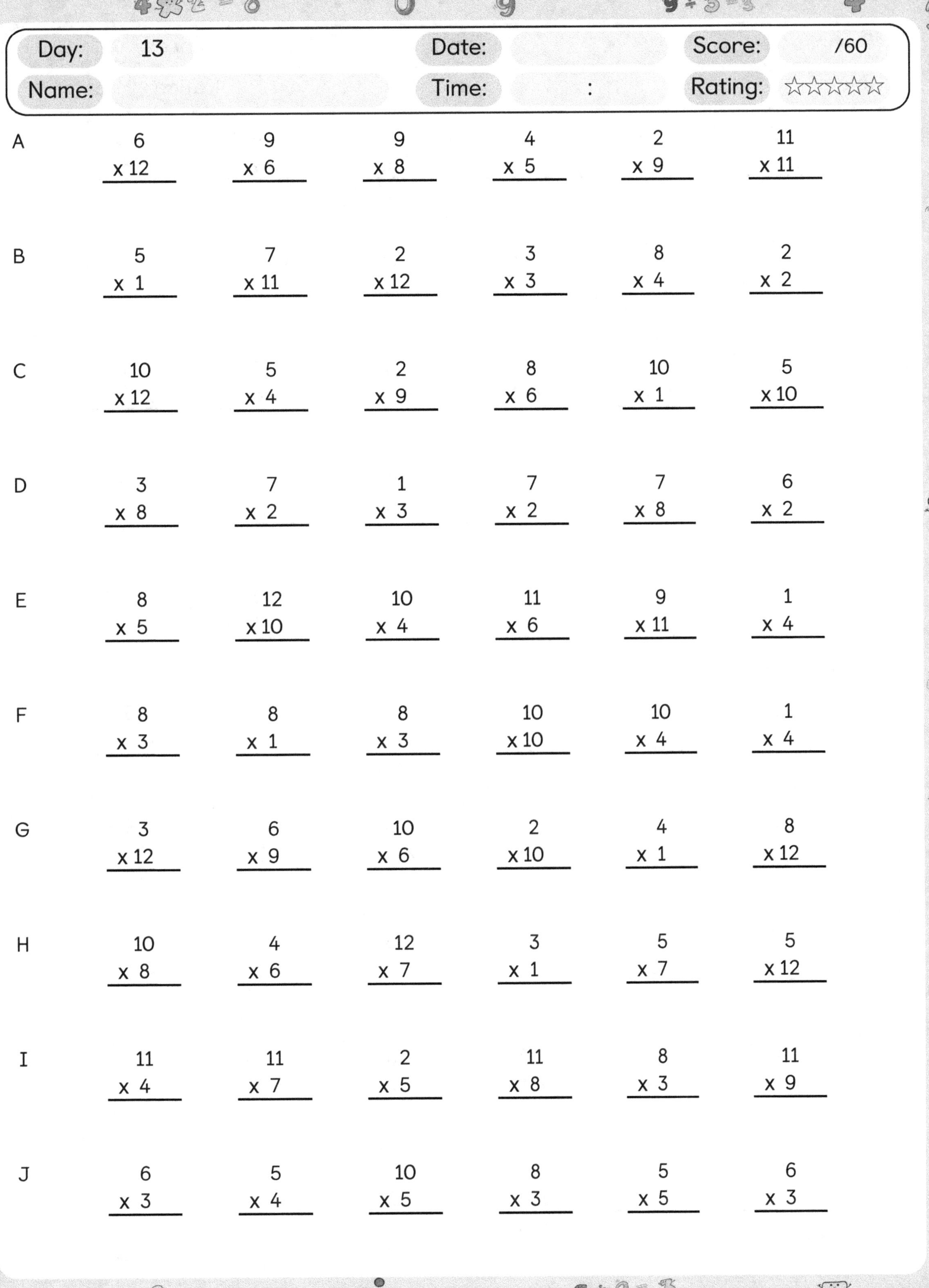

| Day: | 13 | Date: | | Score: | /60 |
| Name: | | Time: | : | Rating: | ☆☆☆☆☆☆ |

A

| 6
x 12 | 9
x 6 | 9
x 8 | 4
x 5 | 2
x 9 | 11
x 11 |

B

| 5
x 1 | 7
x 11 | 2
x 12 | 3
x 3 | 8
x 4 | 2
x 2 |

C

| 10
x 12 | 5
x 4 | 2
x 9 | 8
x 6 | 10
x 1 | 5
x 10 |

D

| 3
x 8 | 7
x 2 | 1
x 3 | 7
x 2 | 7
x 8 | 6
x 2 |

E

| 8
x 5 | 12
x 10 | 10
x 4 | 11
x 6 | 9
x 11 | 1
x 4 |

F

| 8
x 3 | 8
x 1 | 8
x 3 | 10
x 10 | 10
x 4 | 1
x 4 |

G

| 3
x 12 | 6
x 9 | 10
x 6 | 2
x 10 | 4
x 1 | 8
x 12 |

H

| 10
x 8 | 4
x 6 | 12
x 7 | 3
x 1 | 5
x 7 | 5
x 12 |

I

| 11
x 4 | 11
x 7 | 2
x 5 | 11
x 8 | 8
x 3 | 11
x 9 |

J

| 6
x 3 | 5
x 4 | 10
x 5 | 8
x 3 | 5
x 5 | 6
x 3 |

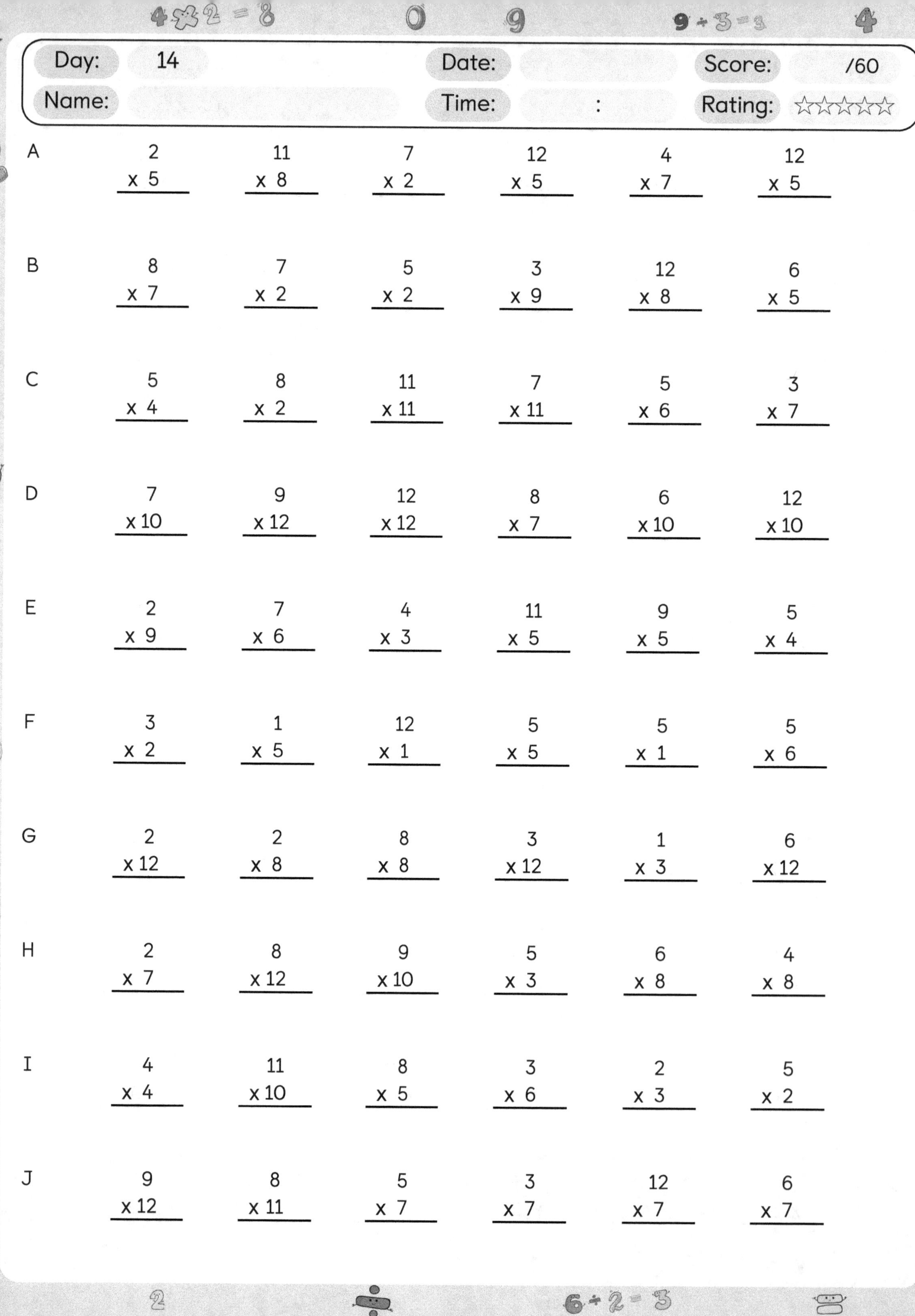

A	2 x 5	11 x 8	7 x 2	12 x 5	4 x 7	12 x 5
B	8 x 7	7 x 2	5 x 2	3 x 9	12 x 8	6 x 5
C	5 x 4	8 x 2	11 x 11	7 x 11	5 x 6	3 x 7
D	7 x 10	9 x 12	12 x 12	8 x 7	6 x 10	12 x 10
E	2 x 9	7 x 6	4 x 3	11 x 5	9 x 5	5 x 4
F	3 x 2	1 x 5	12 x 1	5 x 5	5 x 1	5 x 6
G	2 x 12	2 x 8	8 x 8	3 x 12	1 x 3	6 x 12
H	2 x 7	8 x 12	9 x 10	5 x 3	6 x 8	4 x 8
I	4 x 4	11 x 10	8 x 5	3 x 6	2 x 3	5 x 2
J	9 x 12	8 x 11	5 x 7	3 x 7	12 x 7	6 x 7

	1	2	3	4	5	6
A	7 × 8	1 × 6	5 × 6	2 × 4	9 × 11	7 × 1
B	10 × 4	1 × 6	7 × 4	8 × 10	11 × 1	5 × 5
C	1 × 5	2 × 11	5 × 10	1 × 8	3 × 5	2 × 12
D	6 × 2	3 × 2	1 × 12	4 × 3	1 × 2	7 × 7
E	10 × 3	1 × 1	1 × 3	7 × 2	9 × 6	5 × 2
F	8 × 5	1 × 11	8 × 10	8 × 9	7 × 12	11 × 10
G	9 × 10	6 × 1	5 × 9	12 × 9	4 × 7	10 × 12
H	10 × 6	10 × 7	4 × 1	4 × 3	12 × 9	7 × 5
I	9 × 5	4 × 10	12 × 12	5 × 7	6 × 8	10 × 6
J	3 × 5	6 × 2	3 × 12	8 × 8	12 × 8	4 × 8

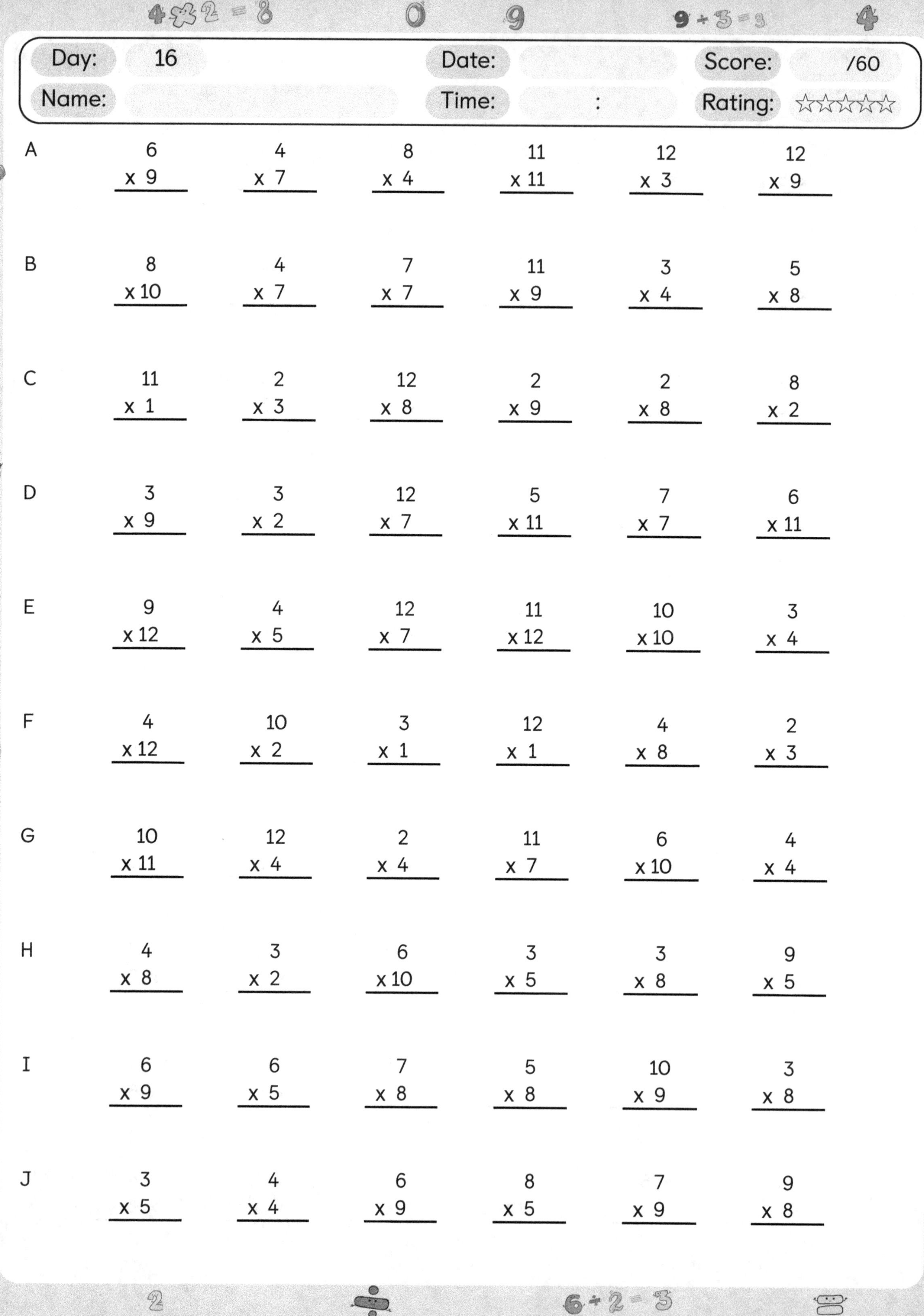

	1	2	3	4	5	6
A	6 × 9	4 × 7	8 × 4	11 × 11	12 × 3	12 × 9
B	8 × 10	4 × 7	7 × 7	11 × 9	3 × 4	5 × 8
C	11 × 1	2 × 3	12 × 8	2 × 9	2 × 8	8 × 2
D	3 × 9	3 × 2	12 × 7	5 × 11	7 × 7	6 × 11
E	9 × 12	4 × 5	12 × 7	11 × 12	10 × 10	3 × 4
F	4 × 12	10 × 2	3 × 1	12 × 1	4 × 8	2 × 3
G	10 × 11	12 × 4	2 × 4	11 × 7	6 × 10	4 × 4
H	4 × 8	3 × 2	6 × 10	3 × 5	3 × 8	9 × 5
I	6 × 9	6 × 5	7 × 8	5 × 8	10 × 9	3 × 8
J	3 × 5	4 × 4	6 × 9	8 × 5	7 × 9	9 × 8

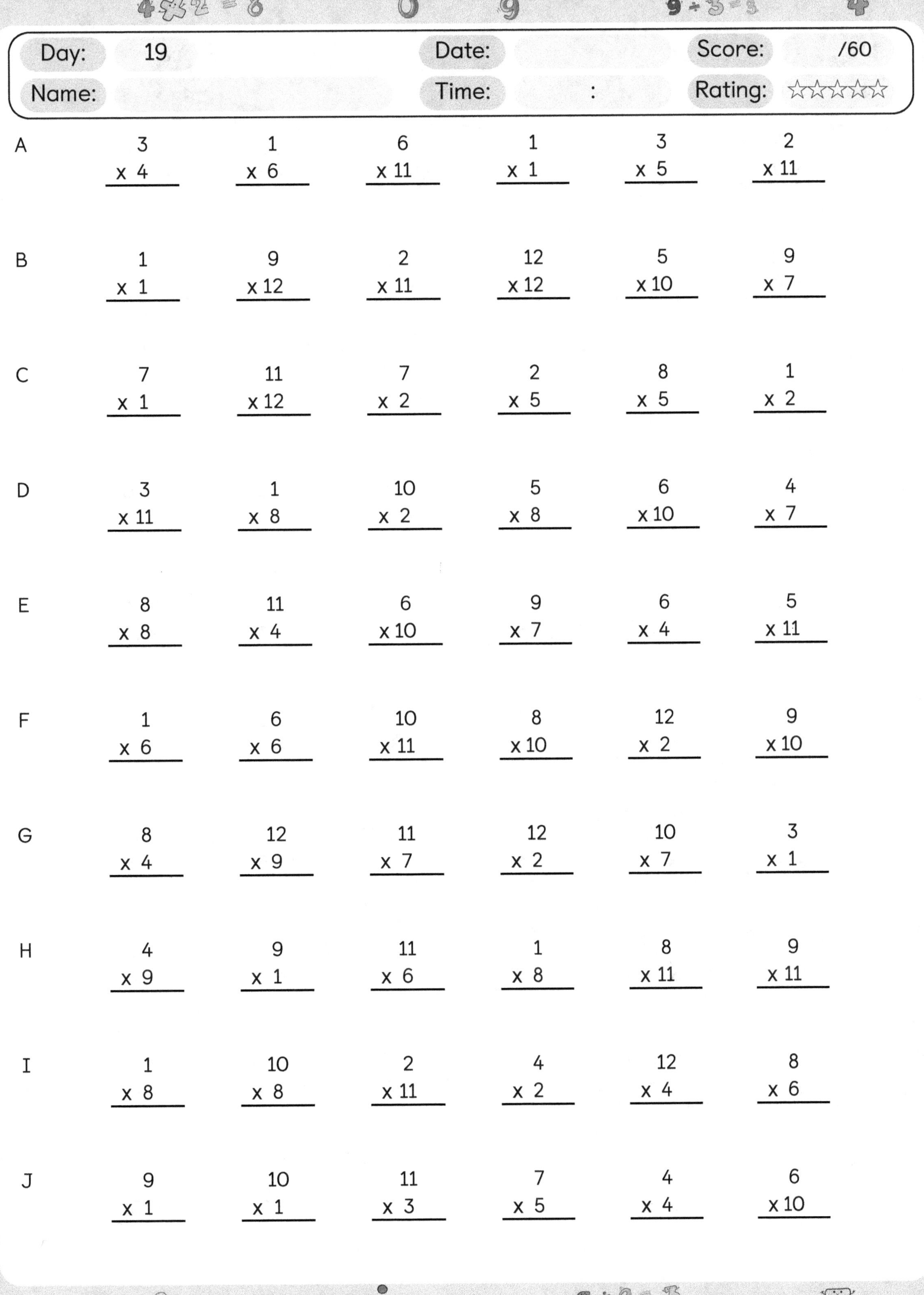

Day: 19   Date: Score: /60
Name: Time: :   Rating: ☆☆☆☆☆

A
3   1   6   1   3   2
x 4   x 6   x 11   x 1   x 5   x 11

B
1   9   2   12   5   9
x 1   x 12   x 11   x 12   x 10   x 7

C
7   11   7   2   8   1
x 1   x 12   x 2   x 5   x 5   x 2

D
3   1   10   5   6   4
x 11   x 8   x 2   x 8   x 10   x 7

E
8   11   6   9   6   5
x 8   x 4   x 10   x 7   x 4   x 11

F
1   6   10   8   12   9
x 6   x 6   x 11   x 10   x 2   x 10

G
8   12   11   12   10   3
x 4   x 9   x 7   x 2   x 7   x 1

H
4   9   11   1   8   9
x 9   x 1   x 6   x 8   x 11   x 11

I
1   10   2   4   12   8
x 8   x 8   x 11   x 2   x 4   x 6

J
9   10   11   7   4   6
x 1   x 1   x 3   x 5   x 4   x 10

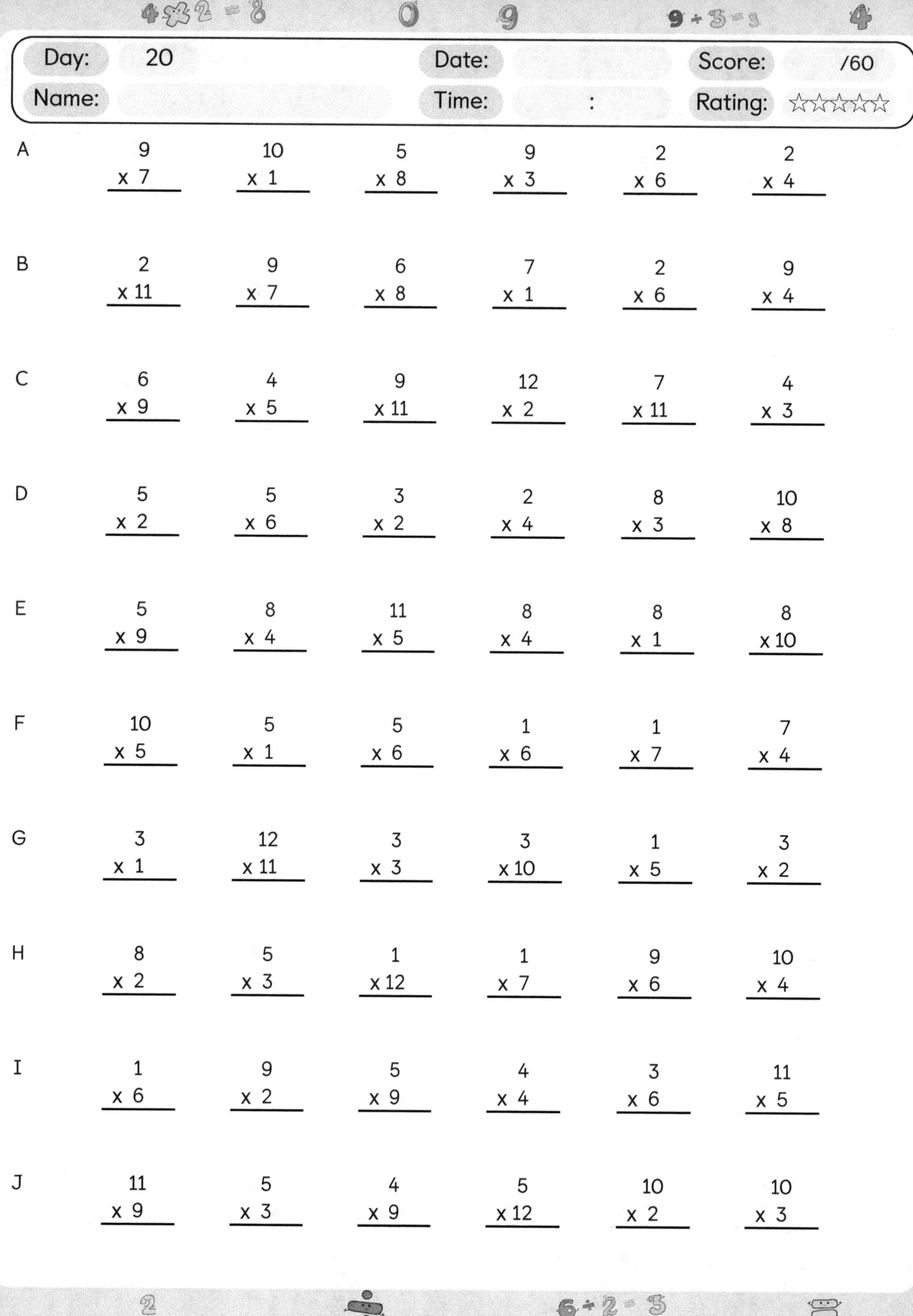

Day: 20
Date:
Score: /60
Name:
Time: :
Rating: ☆☆☆☆☆☆

A
9 × 7
10 × 1
5 × 8
9 × 3
2 × 6
2 × 4

B
2 × 11
9 × 7
6 × 8
7 × 1
2 × 6
9 × 4

C
6 × 9
4 × 5
9 × 11
12 × 2
7 × 11
4 × 3

D
5 × 2
5 × 6
3 × 2
2 × 4
8 × 3
10 × 8

E
5 × 9
8 × 4
11 × 5
8 × 4
8 × 1
8 × 10

F
10 × 5
5 × 1
5 × 6
1 × 6
1 × 7
7 × 4

G
3 × 1
12 × 11
3 × 3
3 × 10
1 × 5
3 × 2

H
8 × 2
5 × 3
1 × 12
1 × 7
9 × 6
10 × 4

I
1 × 6
9 × 2
5 × 9
4 × 4
3 × 6
11 × 5

J
11 × 9
5 × 3
4 × 9
5 × 12
10 × 2
10 × 3

A

6	12	7	10	5	4
× 12	× 5	× 7	× 12	× 8	× 8

B

1	10	7	9	1	12
× 12	× 12	× 3	× 12	× 1	× 9

C

5	9	10	12	5	3
× 12	× 6	× 6	× 10	× 2	× 10

D

10	3	10	9	9	3
× 3	× 7	× 3	× 1	× 5	× 6

E

1	11	2	1	1	2
× 10	× 5	× 12	× 3	× 10	× 8

F

1	2	4	8	1	3
× 11	× 8	× 12	× 3	× 3	× 9

G

10	11	3	1	9	1
× 12	× 12	× 3	× 6	× 9	× 11

H

6	7	5	4	10	1
× 1	× 5	× 9	× 11	× 3	× 7

I

1	1	12	2	11	8
× 2	× 8	× 4	× 11	× 9	× 8

J

9	2	10	7	8	4
× 11	× 4	× 12	× 12	× 8	× 5

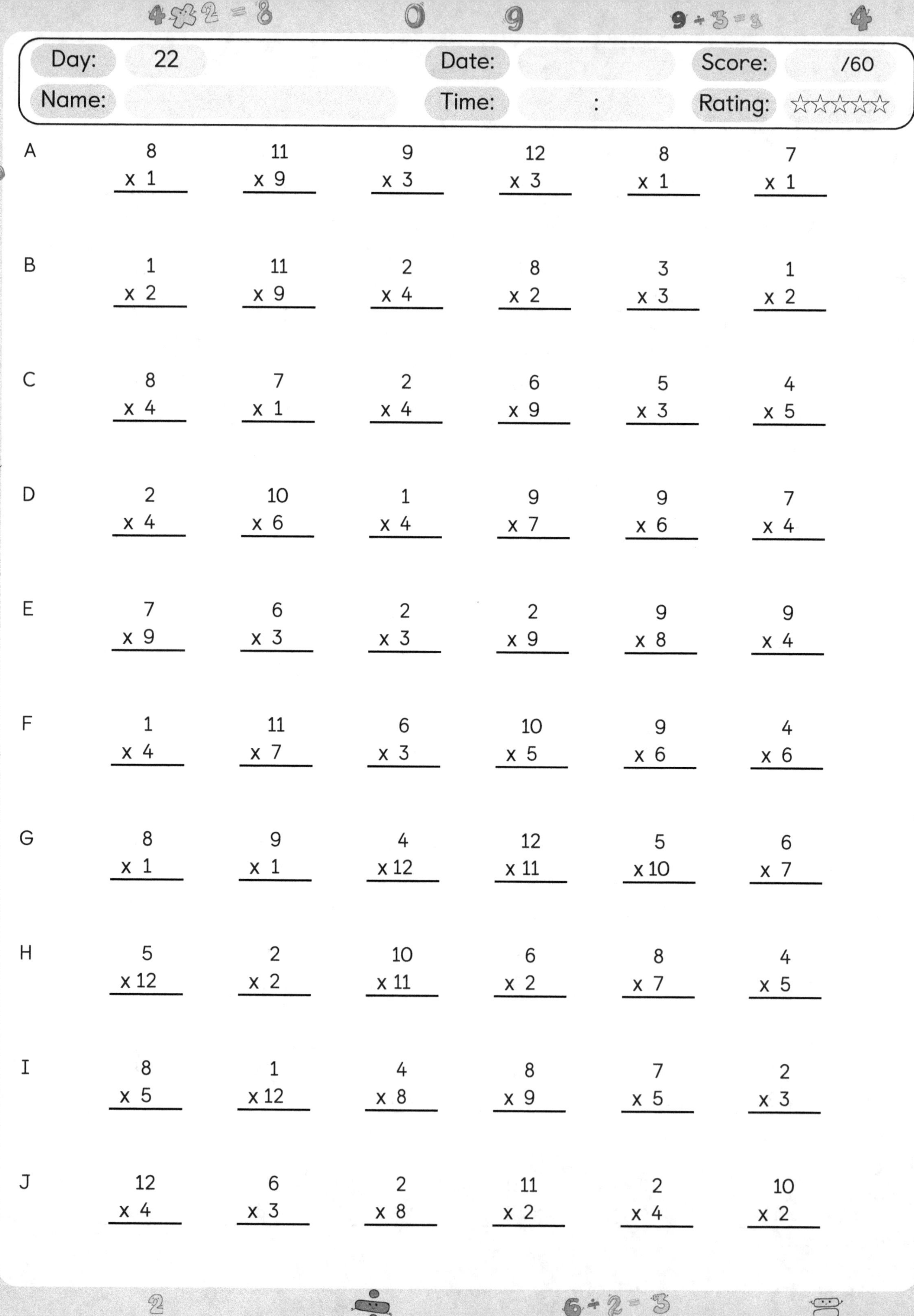

| | Day: | 22 | | Date: | | | Score: | /60 |
| | Name: | | | Time: | : | | Rating: | ☆☆☆☆☆ |

A

8	11	9	12	8	7
x 1	x 9	x 3	x 3	x 1	x 1

B

1	11	2	8	3	1
x 2	x 9	x 4	x 2	x 3	x 2

C

8	7	2	6	5	4
x 4	x 1	x 4	x 9	x 3	x 5

D

2	10	1	9	9	7
x 4	x 6	x 4	x 7	x 6	x 4

E

7	6	2	2	9	9
x 9	x 3	x 3	x 9	x 8	x 4

F

1	11	6	10	9	4
x 4	x 7	x 3	x 5	x 6	x 6

G

8	9	4	12	5	6
x 1	x 1	x 12	x 11	x 10	x 7

H

5	2	10	6	8	4
x 12	x 2	x 11	x 2	x 7	x 5

I

8	1	4	8	7	2
x 5	x 12	x 8	x 9	x 5	x 3

J

12	6	2	11	2	10
x 4	x 3	x 8	x 2	x 4	x 2

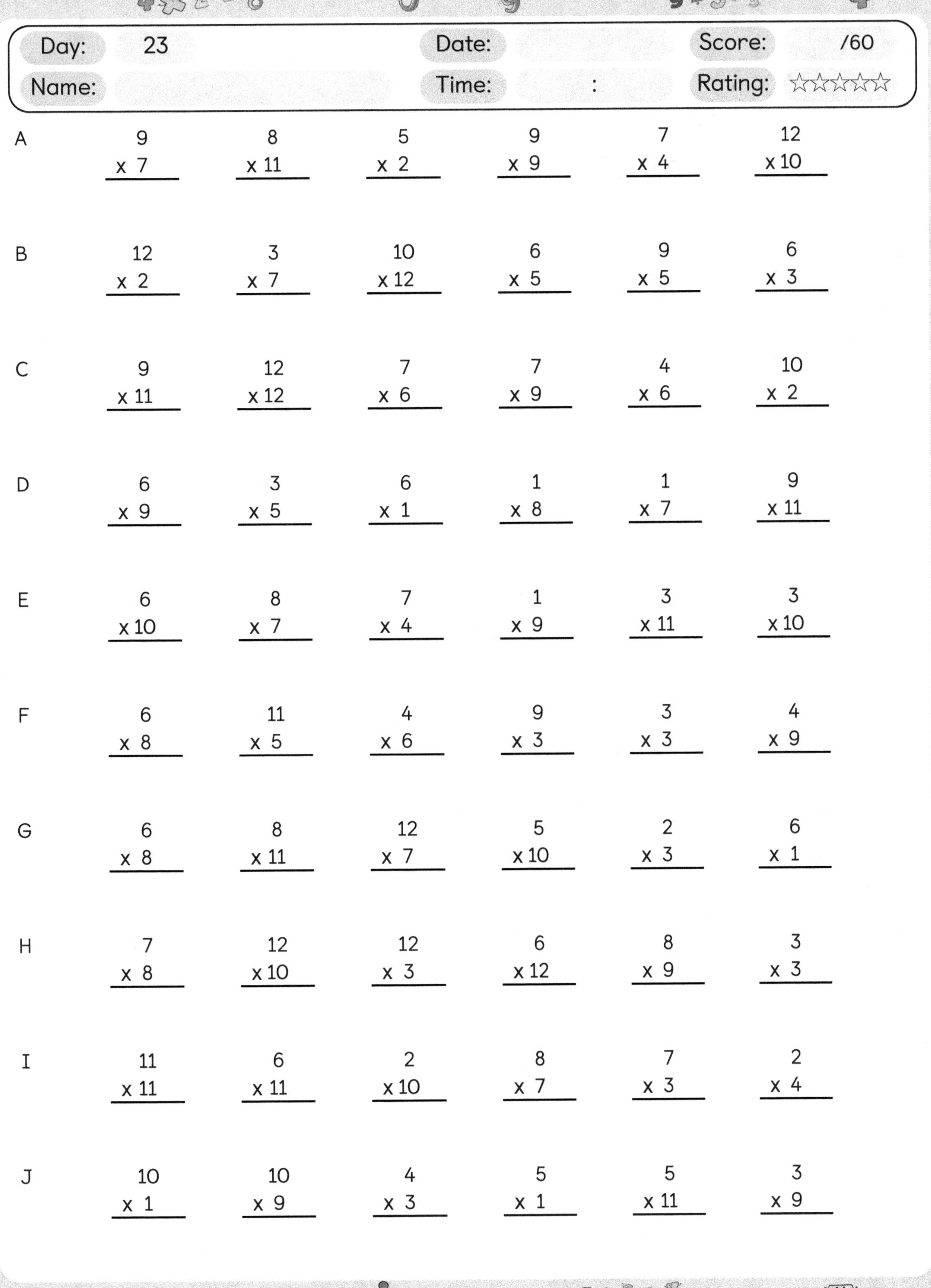

Day: 23   Date: Score: /60
Name: Time: :   Rating: ☆☆☆☆☆

A
9   8   5   9   7   12
x 7   x 11   x 2   x 9   x 4   x 10

B
12   3   10   6   9   6
x 2   x 7   x 12   x 5   x 5   x 3

C
9   12   7   7   4   10
x 11   x 12   x 6   x 9   x 6   x 2

D
6   3   6   1   1   9
x 9   x 5   x 1   x 8   x 7   x 11

E
6   8   7   1   3   3
x 10   x 7   x 4   x 9   x 11   x 10

F
6   11   4   9   3   4
x 8   x 5   x 6   x 3   x 3   x 9

G
6   8   12   5   2   6
x 8   x 11   x 7   x 10   x 3   x 1

H
7   12   12   6   8   3
x 8   x 10   x 3   x 12   x 9   x 3

I
11   6   2   8   7   2
x 11   x 11   x 10   x 7   x 3   x 4

J
10   10   4   5   5   3
x 1   x 9   x 3   x 1   x 11   x 9

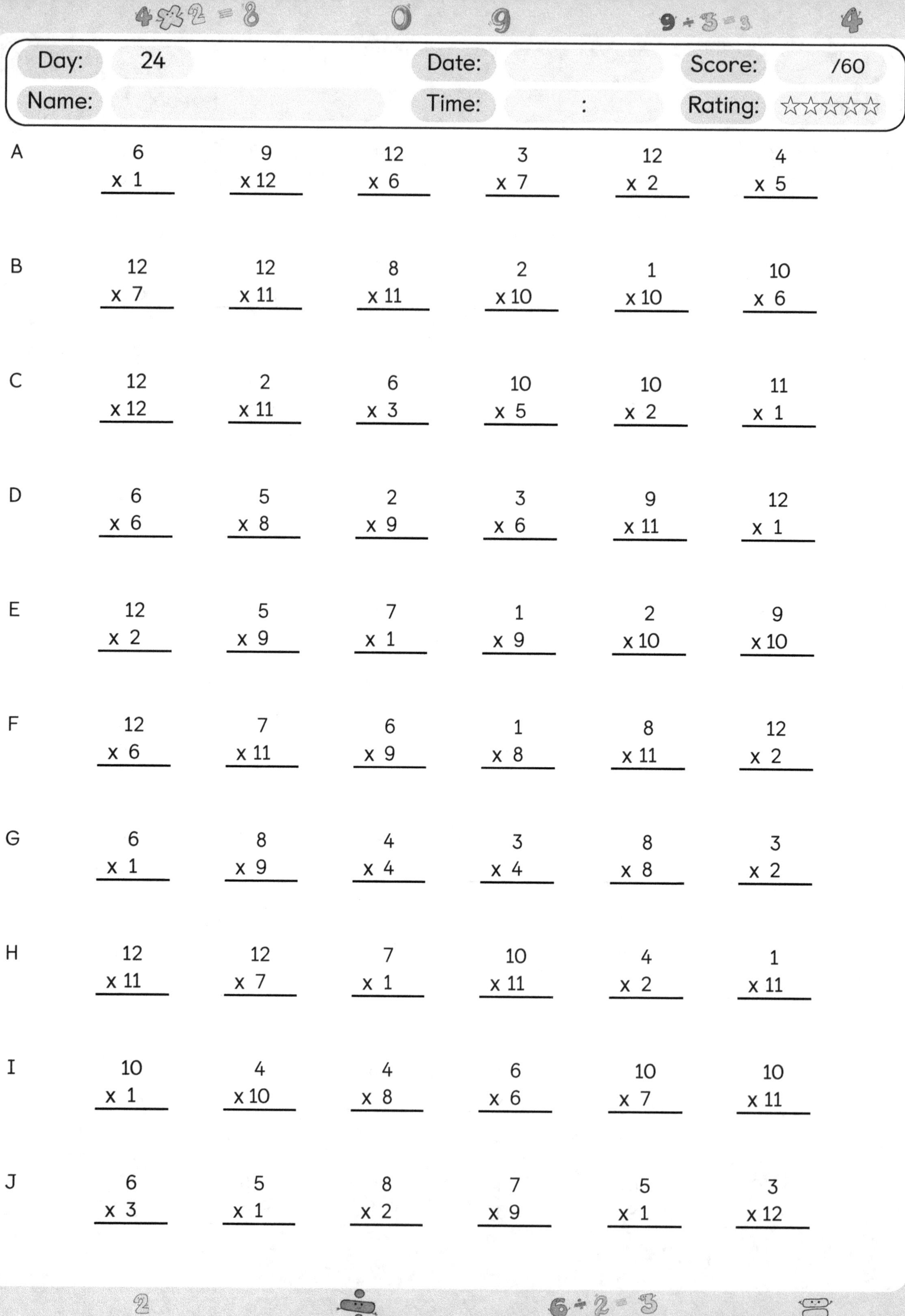

Day: 24   Date: Score: /60
Name: Time: :   Rating: ☆☆☆☆☆☆

A
6   9   12   3   12   4
x 1   x 12   x 6   x 7   x 2   x 5

B
12   12   8   2   1   10
x 7   x 11   x 11   x 10   x 10   x 6

C
12   2   6   10   10   11
x 12   x 11   x 3   x 5   x 2   x 1

D
6   5   2   3   9   12
x 6   x 8   x 9   x 6   x 11   x 1

E
12   5   7   1   2   9
x 2   x 9   x 1   x 9   x 10   x 10

F
12   7   6   1   8   12
x 6   x 11   x 9   x 8   x 11   x 2

G
6   8   4   3   8   3
x 1   x 9   x 4   x 4   x 8   x 2

H
12   12   7   10   4   1
x 11   x 7   x 1   x 11   x 2   x 11

I
10   4   4   6   10   10
x 1   x 10   x 8   x 6   x 7   x 11

J
6   5   8   7   5   3
x 3   x 1   x 2   x 9   x 1   x 12

	1	2	3	4	5	6
A	2 × 8	2 × 9	10 × 4	7 × 2	11 × 2	6 × 1
B	3 × 6	12 × 4	3 × 7	5 × 4	10 × 5	3 × 9
C	8 × 3	7 × 6	2 × 7	5 × 2	9 × 6	2 × 1
D	9 × 1	11 × 5	2 × 3	7 × 7	1 × 2	6 × 9
E	3 × 8	4 × 1	8 × 11	8 × 9	8 × 11	2 × 2
F	2 × 6	4 × 9	1 × 5	10 × 11	6 × 10	3 × 6
G	6 × 4	2 × 4	6 × 4	9 × 9	5 × 9	2 × 1
H	11 × 5	1 × 10	2 × 7	1 × 12	10 × 1	5 × 2
I	8 × 6	3 × 3	4 × 8	3 × 2	9 × 10	10 × 3
J	12 × 5	8 × 2	4 × 7	9 × 4	6 × 8	12 × 10

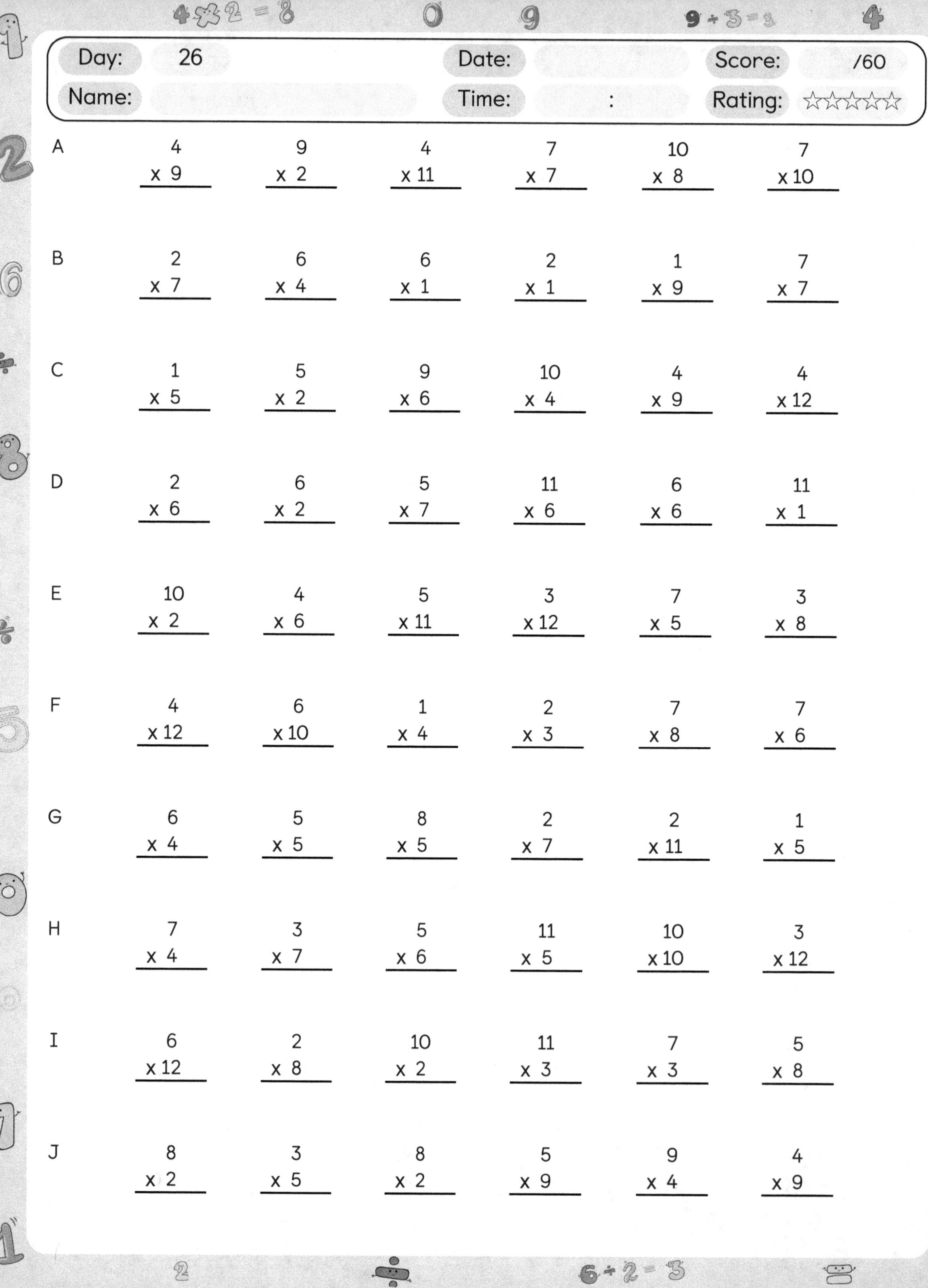

Day: 26   Date: Score: /60
Name: Time: :   Rating: ☆☆☆☆☆☆

A
  4   9   4   7   10   7
x 9   x 2   x 11   x 7   x 8   x 10

B
  2   6   6   2   1   7
x 7   x 4   x 1   x 1   x 9   x 7

C
  1   5   9   10   4   4
x 5   x 2   x 6   x 4   x 9   x 12

D
  2   6   5   11   6   11
x 6   x 2   x 7   x 6   x 6   x 1

E
  10   4   5   3   7   3
x 2   x 6   x 11   x 12   x 5   x 8

F
  4   6   1   2   7   7
x 12   x 10   x 4   x 3   x 8   x 6

G
  6   5   8   2   2   1
x 4   x 5   x 5   x 7   x 11   x 5

H
  7   3   5   11   10   3
x 4   x 7   x 6   x 5   x 10   x 12

I
  6   2   10   11   7   5
x 12   x 8   x 2   x 3   x 3   x 8

J
  8   3   8   5   9   4
x 2   x 5   x 2   x 9   x 4   x 9

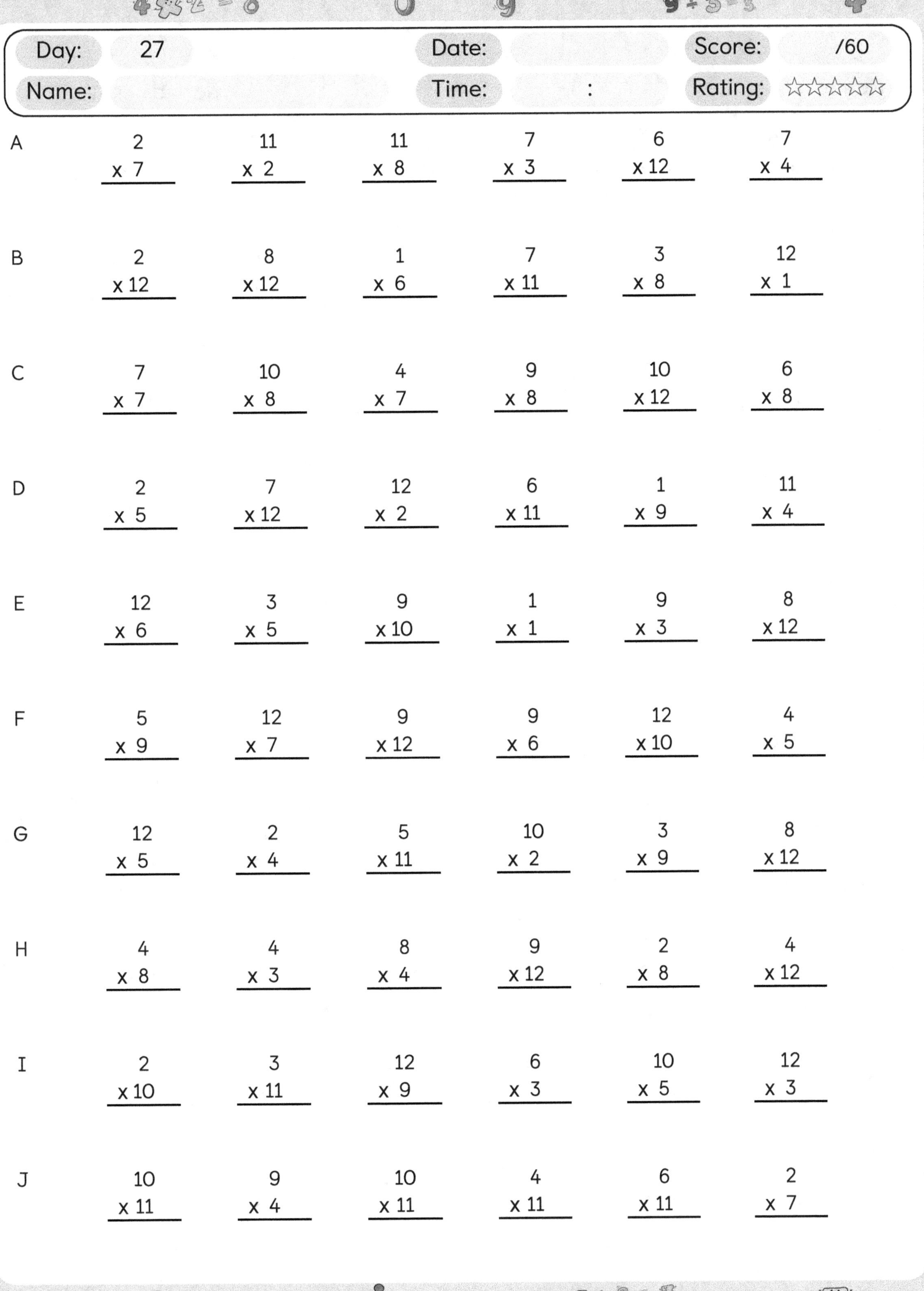

Day: 27   Date: Score: /60
Name: Time: :   Rating: ☆☆☆☆☆

A
2   11   11   7   6   7
x 7   x 2   x 8   x 3   x 12   x 4

B
2   8   1   7   3   12
x 12   x 12   x 6   x 11   x 8   x 1

C
7   10   4   9   10   6
x 7   x 8   x 7   x 8   x 12   x 8

D
2   7   12   6   1   11
x 5   x 12   x 2   x 11   x 9   x 4

E
12   3   9   1   9   8
x 6   x 5   x 10   x 1   x 3   x 12

F
5   12   9   9   12   4
x 9   x 7   x 12   x 6   x 10   x 5

G
12   2   5   10   3   8
x 5   x 4   x 11   x 2   x 9   x 12

H
4   4   8   9   2   4
x 8   x 3   x 4   x 12   x 8   x 12

I
2   3   12   6   10   12
x 10   x 11   x 9   x 3   x 5   x 3

J
10   9   10   4   6   2
x 11   x 4   x 11   x 11   x 11   x 7

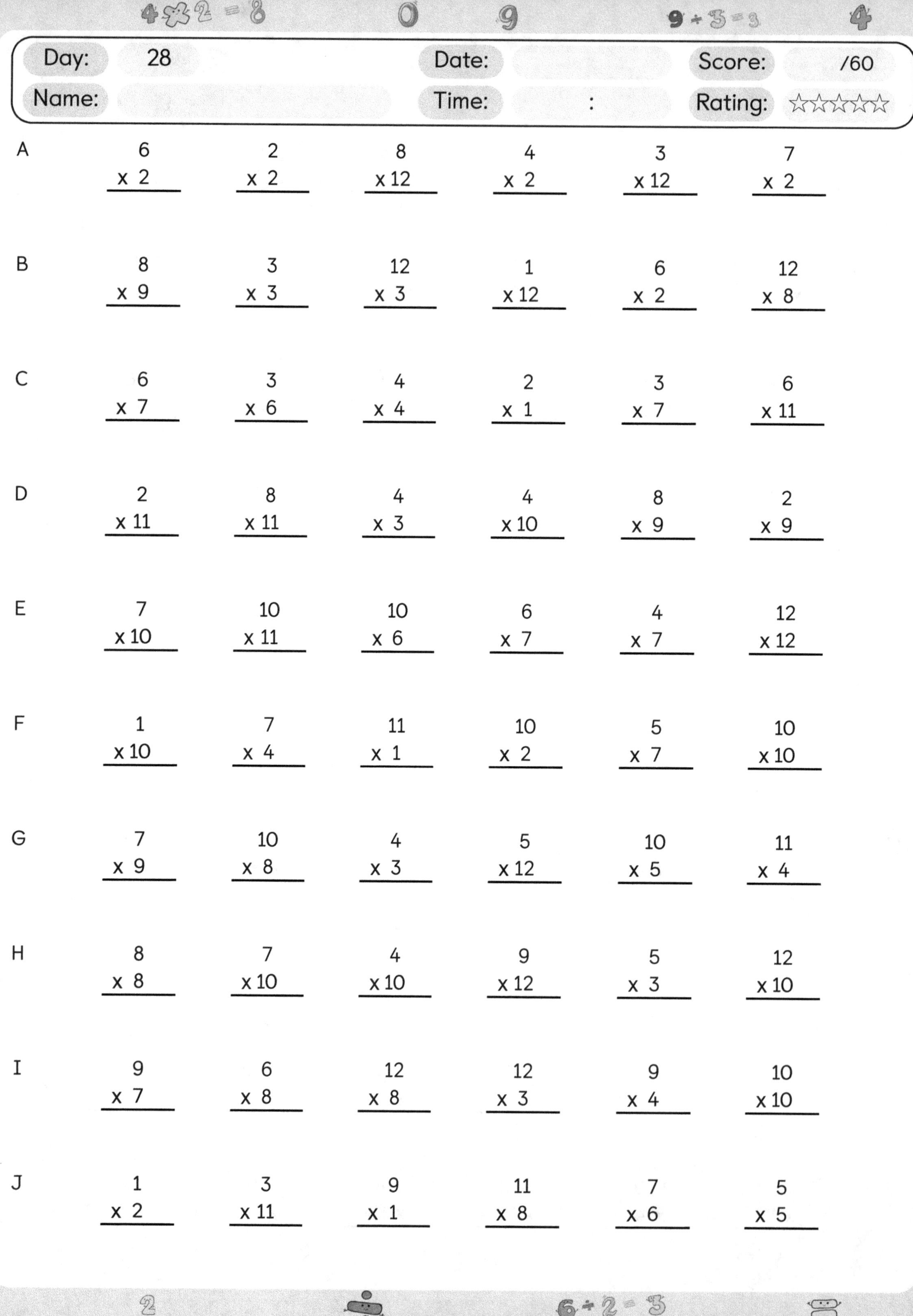

Day: 28   Date: Score: /60
Name: Time: :   Rating: ☆☆☆☆☆☆

A
6   2   8   4   3   7
x 2   x 2   x 12   x 2   x 12   x 2

B
8   3   12   1   6   12
x 9   x 3   x 3   x 12   x 2   x 8

C
6   3   4   2   3   6
x 7   x 6   x 4   x 1   x 7   x 11

D
2   8   4   4   8   2
x 11   x 11   x 3   x 10   x 9   x 9

E
7   10   10   6   4   12
x 10   x 11   x 6   x 7   x 7   x 12

F
1   7   11   10   5   10
x 10   x 4   x 1   x 2   x 7   x 10

G
7   10   4   5   10   11
x 9   x 8   x 3   x 12   x 5   x 4

H
8   7   4   9   5   12
x 8   x 10   x 10   x 12   x 3   x 10

I
9   6   12   12   9   10
x 7   x 8   x 8   x 3   x 4   x 10

J
1   3   9   11   7   5
x 2   x 11   x 1   x 8   x 6   x 5

<table>
<tr><td>Day:</td><td>29</td><td>Date:</td><td></td><td>Score:</td><td>/60</td></tr>
<tr><td>Name:</td><td></td><td>Time:</td><td>:</td><td>Rating:</td><td>☆☆☆☆☆</td></tr>
</table>

A	8 x 10	10 x 3	1 x 7	7 x 11	6 x 6	11 x 7
B	7 x 8	12 x 6	4 x 7	9 x 5	6 x 8	11 x 1
C	12 x 7	9 x 4	11 x 3	9 x 2	9 x 4	4 x 10
D	1 x 12	10 x 7	11 x 9	4 x 6	1 x 12	12 x 9
E	7 x 3	5 x 3	11 x 11	1 x 11	5 x 12	3 x 9
F	1 x 10	9 x 11	7 x 12	10 x 4	11 x 2	4 x 1
G	5 x 9	6 x 10	9 x 2	3 x 9	3 x 5	6 x 11
H	6 x 3	11 x 6	2 x 5	4 x 3	12 x 1	6 x 6
I	11 x 11	10 x 10	3 x 11	7 x 12	3 x 1	12 x 6
J	9 x 12	5 x 10	3 x 2	11 x 9	4 x 1	5 x 4

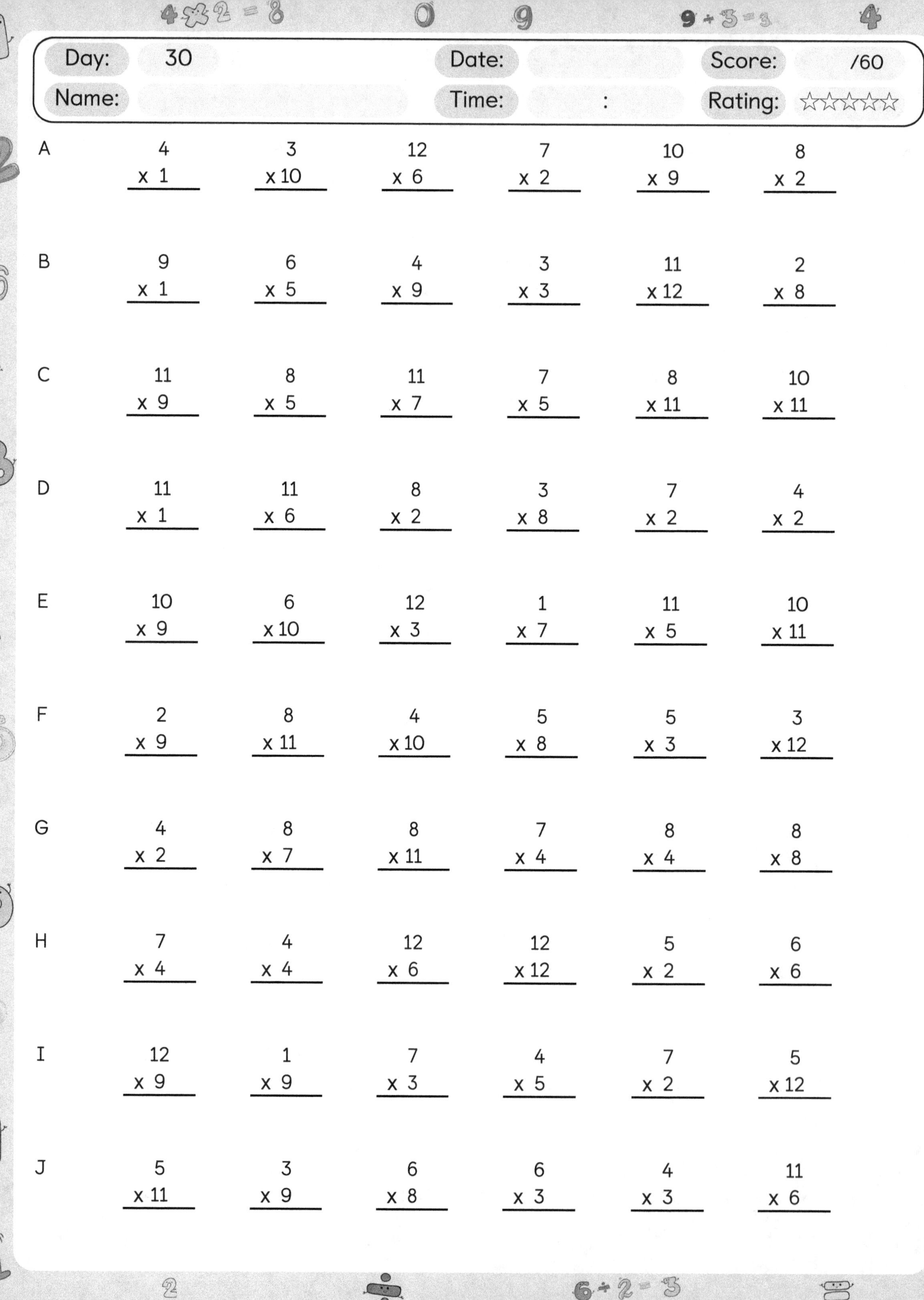

Day: 30   Date: Score: /60
Name: Time: :   Rating: ☆☆☆☆☆☆

A
4   3   12   7   10   8
x 1   x 10   x 6   x 2   x 9   x 2

B
9   6   4   3   11   2
x 1   x 5   x 9   x 3   x 12   x 8

C
11   8   11   7   8   10
x 9   x 5   x 7   x 5   x 11   x 11

D
11   11   8   3   7   4
x 1   x 6   x 2   x 8   x 2   x 2

E
10   6   12   1   11   10
x 9   x 10   x 3   x 7   x 5   x 11

F
2   8   4   5   5   3
x 9   x 11   x 10   x 8   x 3   x 12

G
4   8   8   7   8   8
x 2   x 7   x 11   x 4   x 4   x 8

H
7   4   12   12   5   6
x 4   x 4   x 6   x 12   x 2   x 6

I
12   1   7   4   7   5
x 9   x 9   x 3   x 5   x 2   x 12

J
5   3   6   6   4   11
x 11   x 9   x 8   x 3   x 3   x 6

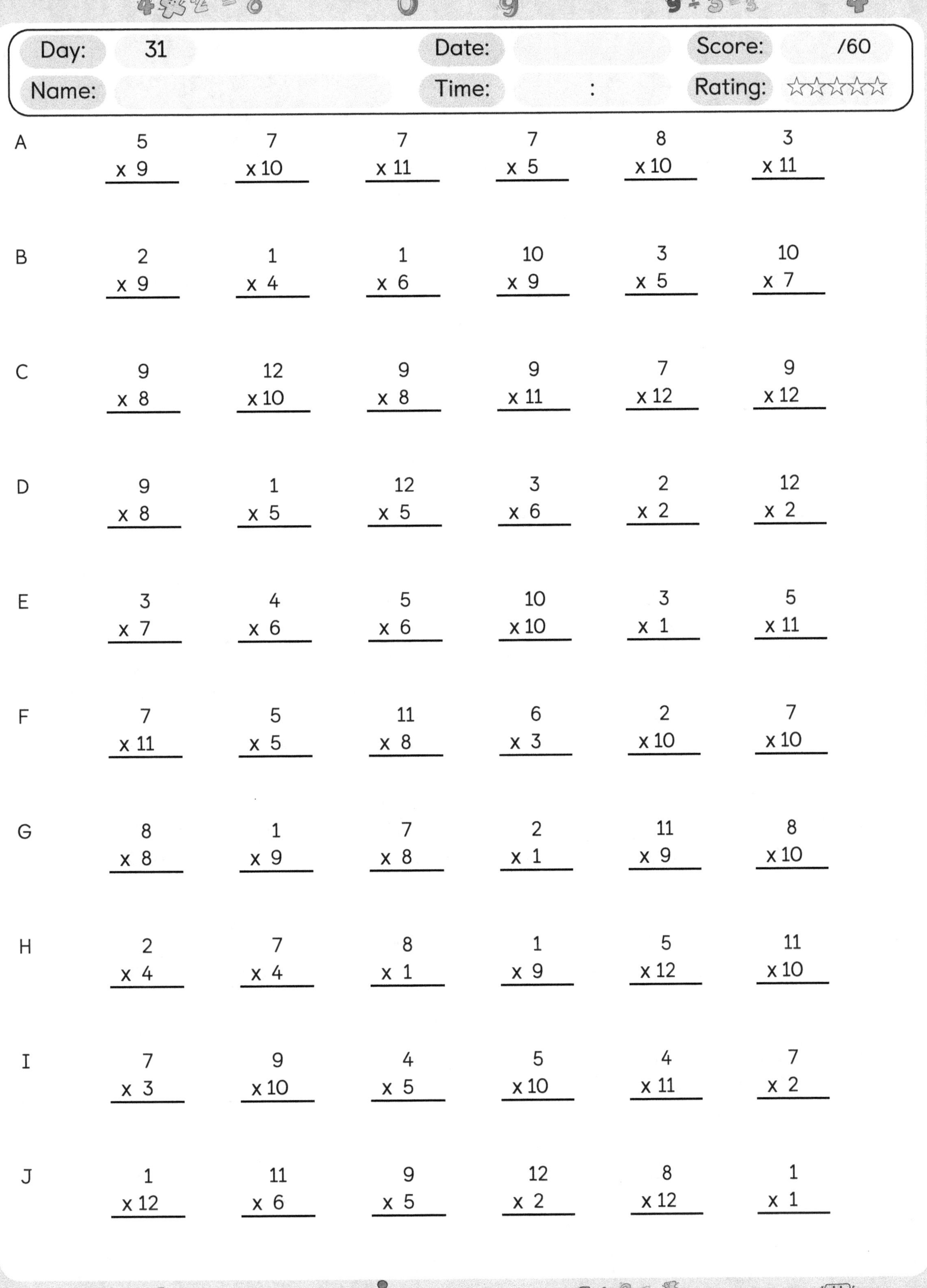

<table>
<tr><td>Day:</td><td>31</td><td></td><td>Date:</td><td></td><td>Score:</td><td>/60</td></tr>
<tr><td>Name:</td><td></td><td></td><td>Time:</td><td>:</td><td>Rating:</td><td>☆☆☆☆☆</td></tr>
</table>

A	5 ×9	7 ×10	7 ×11	7 ×5	8 ×10	3 ×11
B	2 ×9	1 ×4	1 ×6	10 ×9	3 ×5	10 ×7
C	9 ×8	12 ×10	9 ×8	9 ×11	7 ×12	9 ×12
D	9 ×8	1 ×5	12 ×5	3 ×6	2 ×2	12 ×2
E	3 ×7	4 ×6	5 ×6	10 ×10	3 ×1	5 ×11
F	7 ×11	5 ×5	11 ×8	6 ×3	2 ×10	7 ×10
G	8 ×8	1 ×9	7 ×8	2 ×1	11 ×9	8 ×10
H	2 ×4	7 ×4	8 ×1	1 ×9	5 ×12	11 ×10
I	7 ×3	9 ×10	4 ×5	5 ×10	4 ×11	7 ×2
J	1 ×12	11 ×6	9 ×5	12 ×2	8 ×12	1 ×1

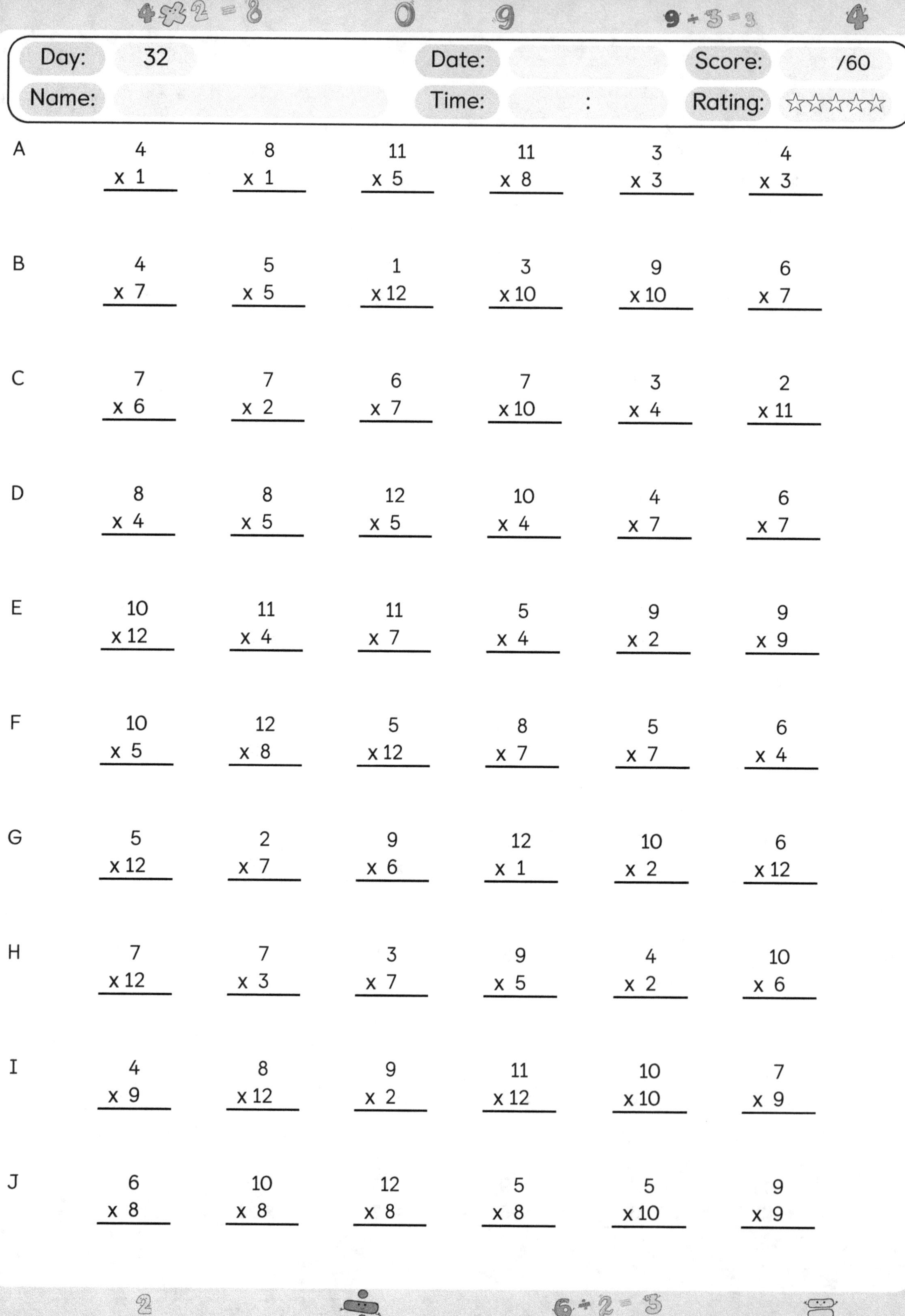

A	4 x 1	8 x 1	11 x 5	11 x 8	3 x 3	4 x 3
B	4 x 7	5 x 5	1 x 12	3 x 10	9 x 10	6 x 7
C	7 x 6	7 x 2	6 x 7	7 x 10	3 x 4	2 x 11
D	8 x 4	8 x 5	12 x 5	10 x 4	4 x 7	6 x 7
E	10 x 12	11 x 4	11 x 7	5 x 4	9 x 2	9 x 9
F	10 x 5	12 x 8	5 x 12	8 x 7	5 x 7	6 x 4
G	5 x 12	2 x 7	9 x 6	12 x 1	10 x 2	6 x 12
H	7 x 12	7 x 3	3 x 7	9 x 5	4 x 2	10 x 6
I	4 x 9	8 x 12	9 x 2	11 x 12	10 x 10	7 x 9
J	6 x 8	10 x 8	12 x 8	5 x 8	5 x 10	9 x 9

A

10	10	9	4	5	8
x 2	x 1	x 4	x 7	x 11	x 2

B

2	2	12	2	12	12
x 2	x 6	x 7	x 8	x 4	x 5

C

2	1	6	10	11	7
x 5	x 5	x 2	x 2	x 10	x 7

D

9	4	8	3	7	8
x 4	x 3	x 3	x 7	x 3	x 12

E

3	3	9	8	8	6
x 8	x 12	x 2	x 5	x 4	x 12

F

8	4	5	12	1	12
x 5	x 9	x 6	x 11	x 1	x 4

G

1	7	11	1	8	8
x 12	x 7	x 3	x 11	x 2	x 7

H

12	1	7	10	2	12
x 1	x 11	x 12	x 5	x 10	x 12

I

11	2	11	11	5	11
x 2	x 10	x 10	x 3	x 7	x 12

J

9	10	1	4	10	10
x 3	x 6	x 4	x 12	x 5	x 8

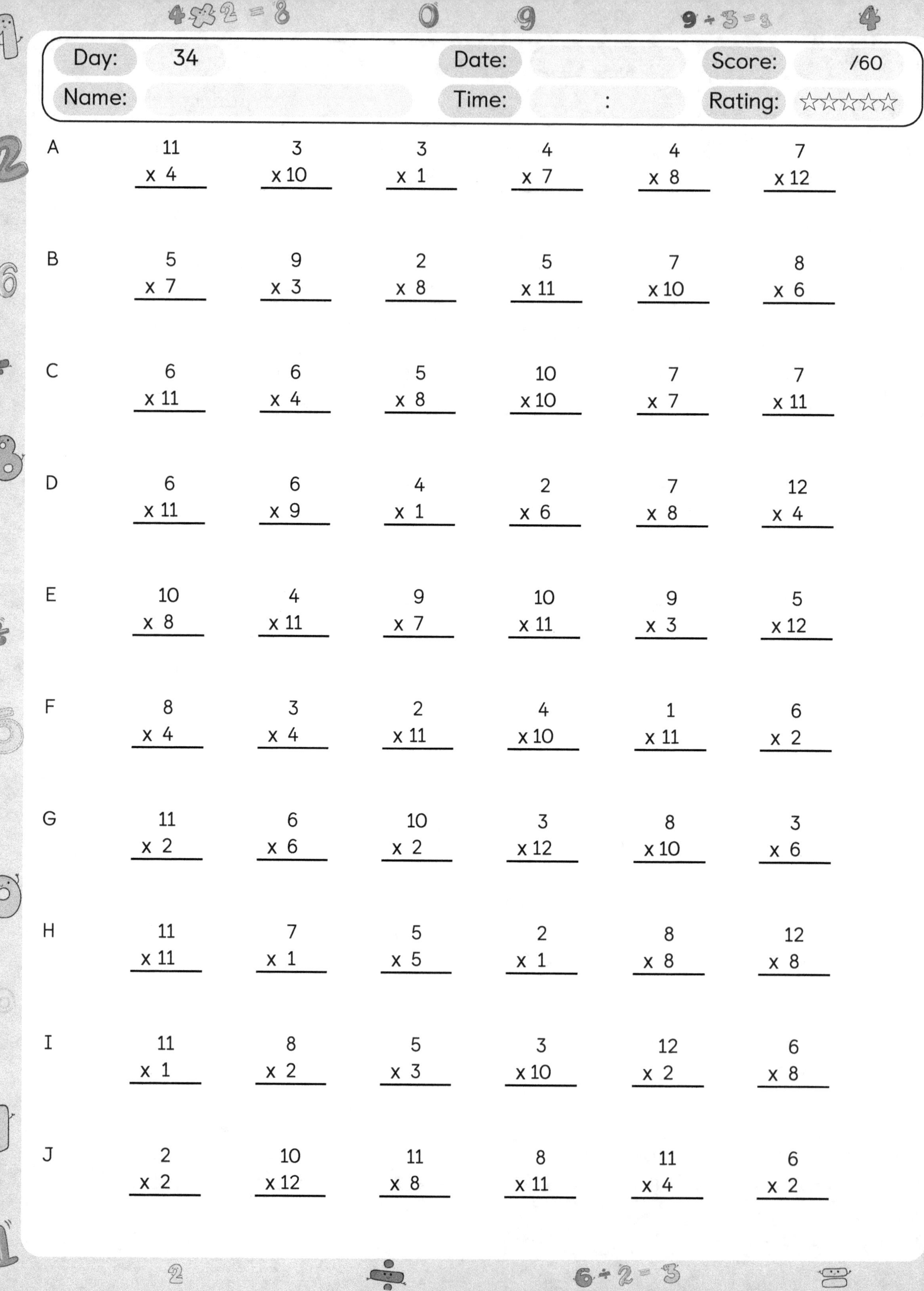

	1	2	3	4	5	6
A	11 × 4	3 × 10	3 × 1	4 × 7	4 × 8	7 × 12
B	5 × 7	9 × 3	2 × 8	5 × 11	7 × 10	8 × 6
C	6 × 11	6 × 4	5 × 8	10 × 10	7 × 7	7 × 11
D	6 × 11	6 × 9	4 × 1	2 × 6	7 × 8	12 × 4
E	10 × 8	4 × 11	9 × 7	10 × 11	9 × 3	5 × 12
F	8 × 4	3 × 4	2 × 11	4 × 10	1 × 11	6 × 2
G	11 × 2	6 × 6	10 × 2	3 × 12	8 × 10	3 × 6
H	11 × 11	7 × 1	5 × 5	2 × 1	8 × 8	12 × 8
I	11 × 1	8 × 2	5 × 3	3 × 10	12 × 2	6 × 8
J	2 × 2	10 × 12	11 × 8	8 × 11	11 × 4	6 × 2

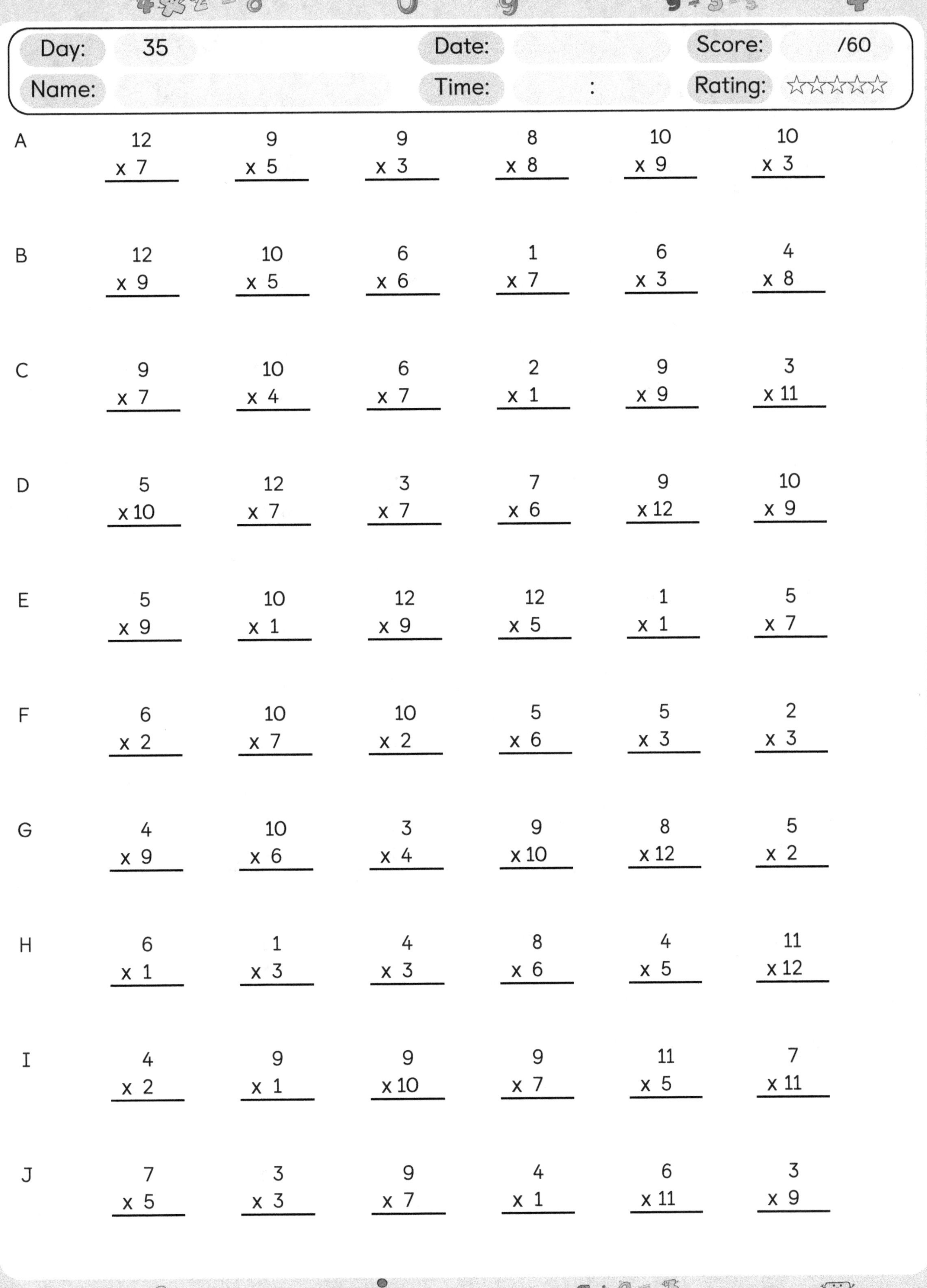

A

12 x 7	9 x 5	9 x 3	8 x 8	10 x 9	10 x 3

B

12 x 9	10 x 5	6 x 6	1 x 7	6 x 3	4 x 8

C

9 x 7	10 x 4	6 x 7	2 x 1	9 x 9	3 x 11

D

5 x 10	12 x 7	3 x 7	7 x 6	9 x 12	10 x 9

E

5 x 9	10 x 1	12 x 9	12 x 5	1 x 1	5 x 7

F

6 x 2	10 x 7	10 x 2	5 x 6	5 x 3	2 x 3

G

4 x 9	10 x 6	3 x 4	9 x 10	8 x 12	5 x 2

H

6 x 1	1 x 3	4 x 3	8 x 6	4 x 5	11 x 12

I

4 x 2	9 x 1	9 x 10	9 x 7	11 x 5	7 x 11

J

7 x 5	3 x 3	9 x 7	4 x 1	6 x 11	3 x 9

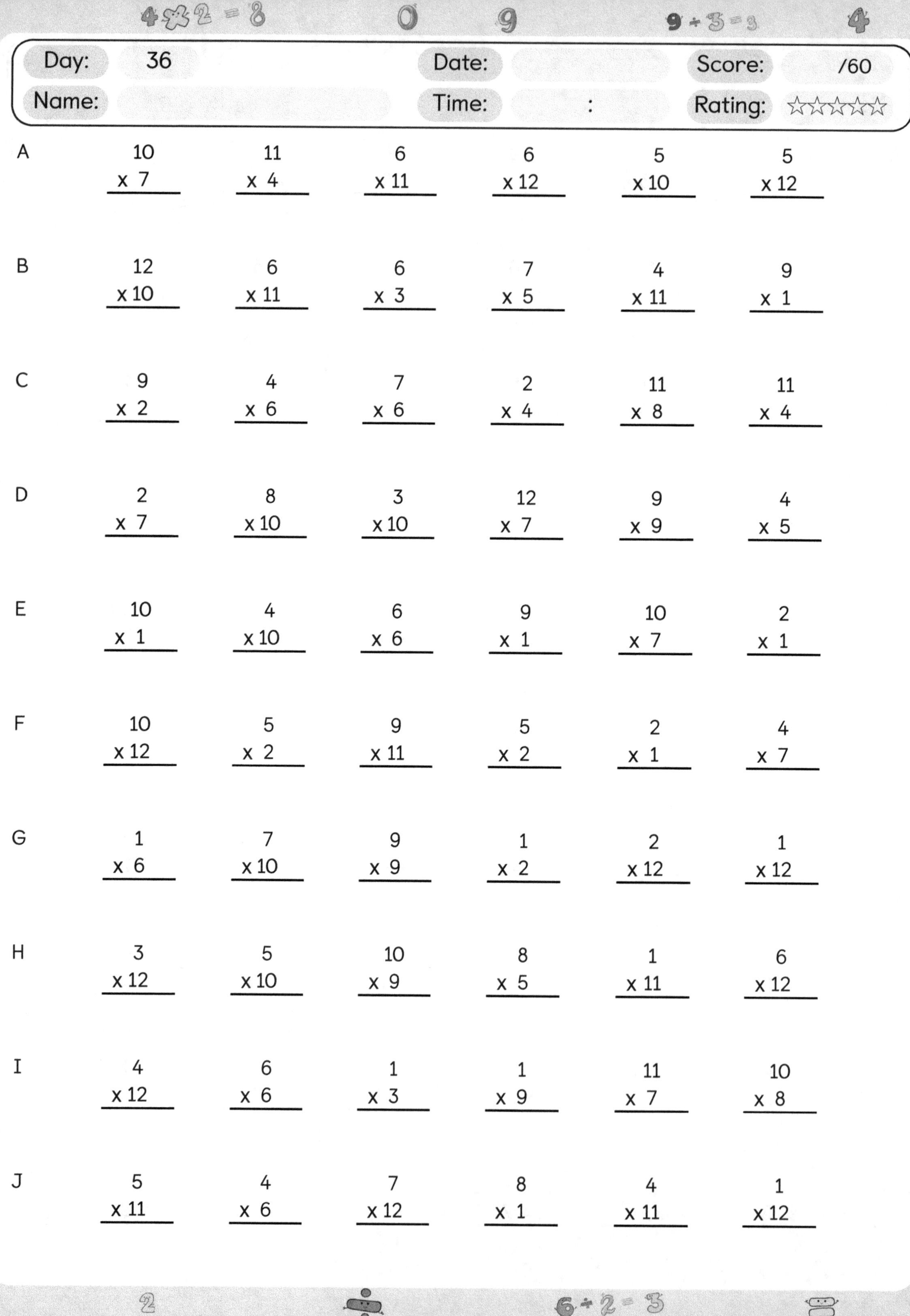

| Day: | 36 | | Date: | | Score: | /60 |
| Name: | | | Time: | : | Rating: | ☆☆☆☆☆☆ |

A

| 10 | 11 | 6 | 6 | 5 | 5 |
| x 7 | x 4 | x 11 | x 12 | x 10 | x 12 |

B

| 12 | 6 | 6 | 7 | 4 | 9 |
| x 10 | x 11 | x 3 | x 5 | x 11 | x 1 |

C

| 9 | 4 | 7 | 2 | 11 | 11 |
| x 2 | x 6 | x 6 | x 4 | x 8 | x 4 |

D

| 2 | 8 | 3 | 12 | 9 | 4 |
| x 7 | x 10 | x 10 | x 7 | x 9 | x 5 |

E

| 10 | 4 | 6 | 9 | 10 | 2 |
| x 1 | x 10 | x 6 | x 1 | x 7 | x 1 |

F

| 10 | 5 | 9 | 5 | 2 | 4 |
| x 12 | x 2 | x 11 | x 2 | x 1 | x 7 |

G

| 1 | 7 | 9 | 1 | 2 | 1 |
| x 6 | x 10 | x 9 | x 2 | x 12 | x 12 |

H

| 3 | 5 | 10 | 8 | 1 | 6 |
| x 12 | x 10 | x 9 | x 5 | x 11 | x 12 |

I

| 4 | 6 | 1 | 1 | 11 | 10 |
| x 12 | x 6 | x 3 | x 9 | x 7 | x 8 |

J

| 5 | 4 | 7 | 8 | 4 | 1 |
| x 11 | x 6 | x 12 | x 1 | x 11 | x 12 |

A

| 12
x 6 | 6
x 4 | 1
x 11 | 11
x 6 | 7
x 3 | 3
x 1 |

B

| 12
x 7 | 1
x 1 | 5
x 1 | 3
x 11 | 8
x 8 | 9
x 9 |

C

| 7
x 9 | 4
x 8 | 11
x 2 | 1
x 6 | 8
x 5 | 2
x 2 |

D

| 12
x 4 | 5
x 12 | 10
x 9 | 4
x 11 | 8
x 8 | 5
x 9 |

E

| 11
x 11 | 3
x 10 | 5
x 4 | 6
x 7 | 8
x 7 | 10
x 7 |

F

| 2
x 12 | 4
x 6 | 3
x 10 | 4
x 8 | 5
x 1 | 10
x 9 |

G

| 8
x 6 | 1
x 1 | 6
x 7 | 8
x 7 | 1
x 8 | 7
x 4 |

H

| 7
x 12 | 4
x 10 | 8
x 9 | 12
x 2 | 11
x 5 | 11
x 4 |

I

| 9
x 7 | 8
x 6 | 4
x 5 | 1
x 2 | 6
x 12 | 10
x 1 |

J

| 9
x 3 | 5
x 8 | 10
x 9 | 2
x 6 | 1
x 5 | 8
x 9 |

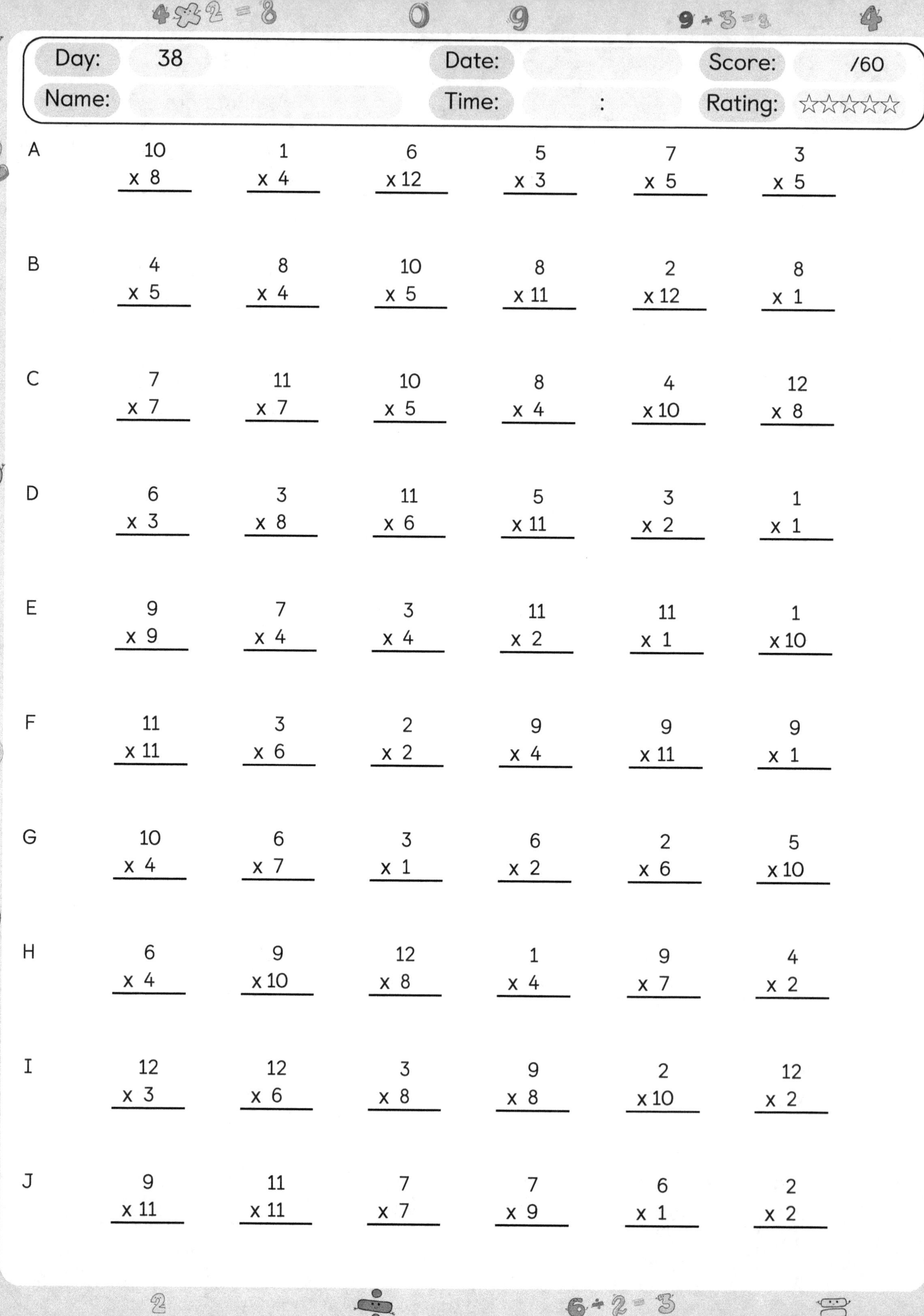

A	10 × 8	1 × 4	6 × 12	5 × 3	7 × 5	3 × 5
B	4 × 5	8 × 4	10 × 5	8 × 11	2 × 12	8 × 1
C	7 × 7	11 × 7	10 × 5	8 × 4	4 × 10	12 × 8
D	6 × 3	3 × 8	11 × 6	5 × 11	3 × 2	1 × 1
E	9 × 9	7 × 4	3 × 4	11 × 2	11 × 1	1 × 10
F	11 × 11	3 × 6	2 × 2	9 × 4	9 × 11	9 × 1
G	10 × 4	6 × 7	3 × 1	6 × 2	2 × 6	5 × 10
H	6 × 4	9 × 10	12 × 8	1 × 4	9 × 7	4 × 2
I	12 × 3	12 × 6	3 × 8	9 × 8	2 × 10	12 × 2
J	9 × 11	11 × 11	7 × 7	7 × 9	6 × 1	2 × 2

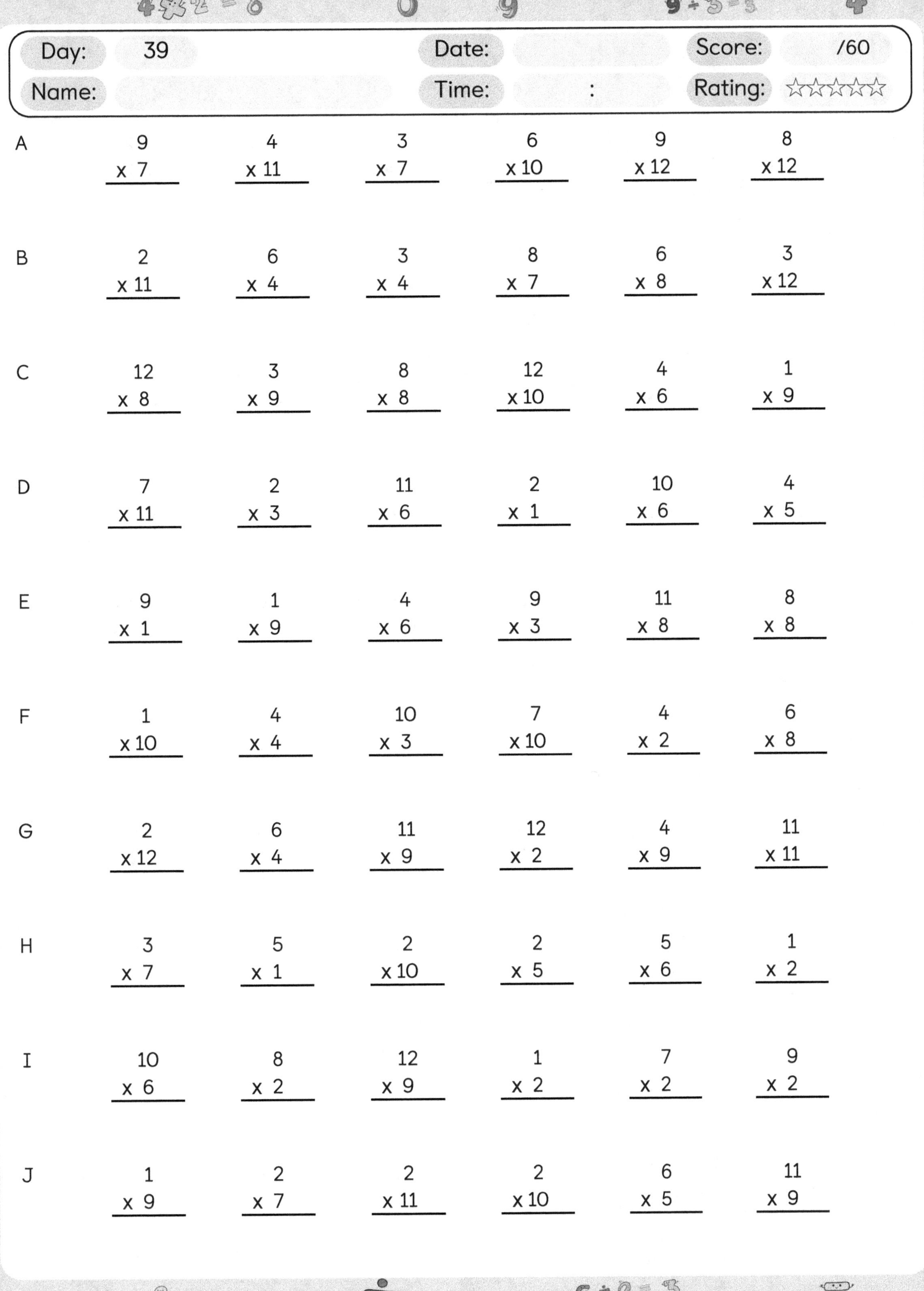

	1	2	3	4	5	6
A	9 × 7	4 × 11	3 × 7	6 × 10	9 × 12	8 × 12
B	2 × 11	6 × 4	3 × 4	8 × 7	6 × 8	3 × 12
C	12 × 8	3 × 9	8 × 8	12 × 10	4 × 6	1 × 9
D	7 × 11	2 × 3	11 × 6	2 × 1	10 × 6	4 × 5
E	9 × 1	1 × 9	4 × 6	9 × 3	11 × 8	8 × 8
F	1 × 10	4 × 4	10 × 3	7 × 10	4 × 2	6 × 8
G	2 × 12	6 × 4	11 × 9	12 × 2	4 × 9	11 × 11
H	3 × 7	5 × 1	2 × 10	2 × 5	5 × 6	1 × 2
I	10 × 6	8 × 2	12 × 9	1 × 2	7 × 2	9 × 2
J	1 × 9	2 × 7	2 × 11	2 × 10	6 × 5	11 × 9

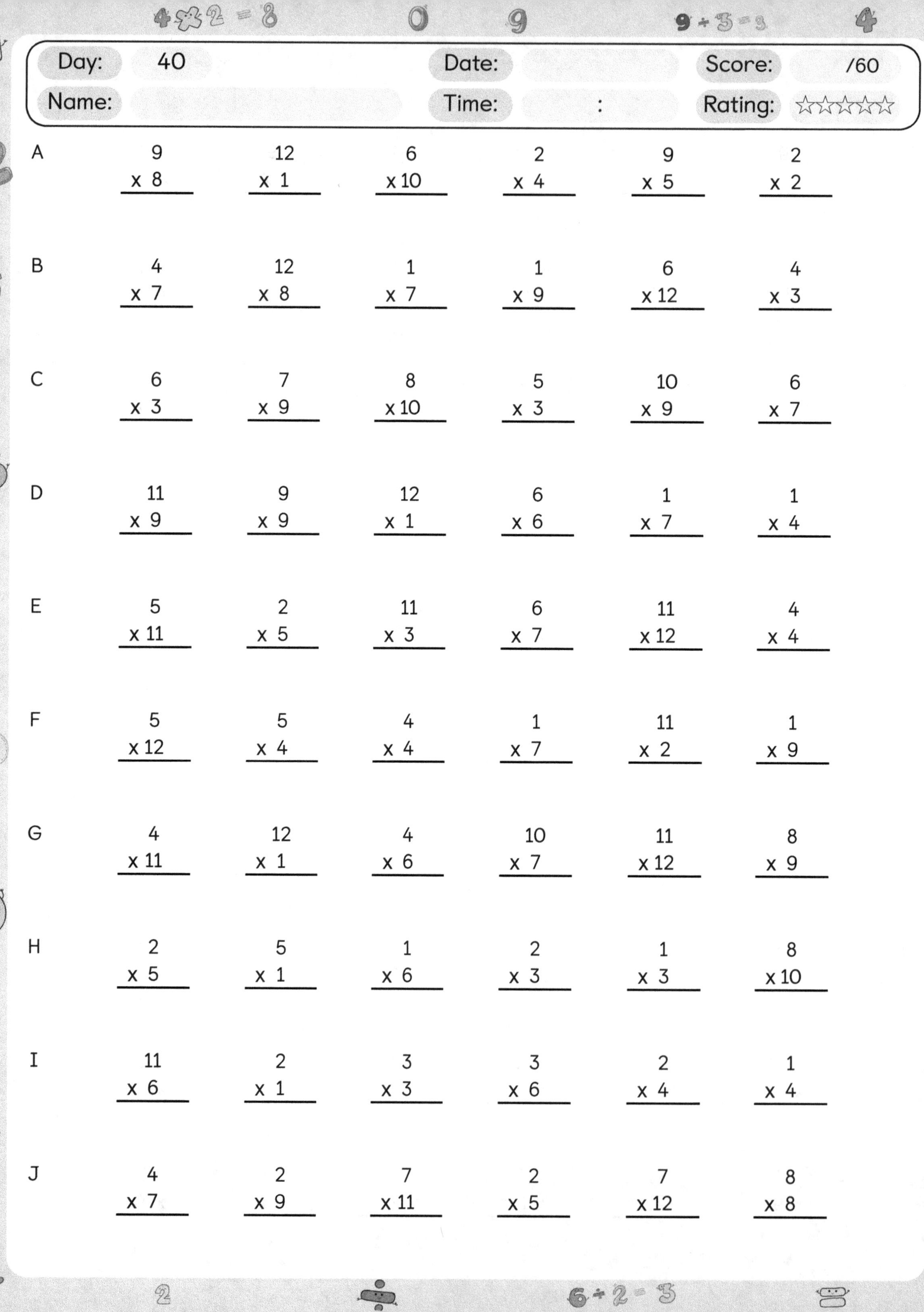

Day: 40   Date: Score: /60
Name: Time: :   Rating: ☆☆☆☆☆☆

A   9   12   6   2   9   2
    x 8   x 1   x 10   x 4   x 5   x 2

B   4   12   1   1   6   4
    x 7   x 8   x 7   x 9   x 12   x 3

C   6   7   8   5   10   6
    x 3   x 9   x 10   x 3   x 9   x 7

D   11   9   12   6   1   1
    x 9   x 9   x 1   x 6   x 7   x 4

E   5   2   11   6   11   4
    x 11   x 5   x 3   x 7   x 12   x 4

F   5   5   4   1   11   1
    x 12   x 4   x 4   x 7   x 2   x 9

G   4   12   4   10   11   8
    x 11   x 1   x 6   x 7   x 12   x 9

H   2   5   1   2   1   8
    x 5   x 1   x 6   x 3   x 3   x 10

I   11   2   3   3   2   1
    x 6   x 1   x 3   x 6   x 4   x 4

J   4   2   7   2   7   8
    x 7   x 9   x 11   x 5   x 12   x 8

A	5 x 12	8 x 12	11 x 4	5 x 11	10 x 2	4 x 5
B	3 x 12	8 x 4	2 x 5	10 x 10	1 x 10	4 x 11
C	3 x 4	6 x 8	10 x 6	9 x 8	3 x 9	7 x 8
D	8 x 12	10 x 8	5 x 7	12 x 11	3 x 5	8 x 12
E	7 x 10	8 x 3	1 x 12	3 x 8	8 x 3	12 x 11
F	9 x 2	8 x 6	2 x 7	8 x 12	3 x 8	11 x 12
G	11 x 3	5 x 9	11 x 5	1 x 11	2 x 12	4 x 5
H	9 x 1	7 x 1	11 x 12	7 x 1	11 x 8	4 x 8
I	2 x 9	12 x 7	11 x 2	4 x 9	8 x 6	5 x 4
J	2 x 10	5 x 9	2 x 2	10 x 3	4 x 9	4 x 4

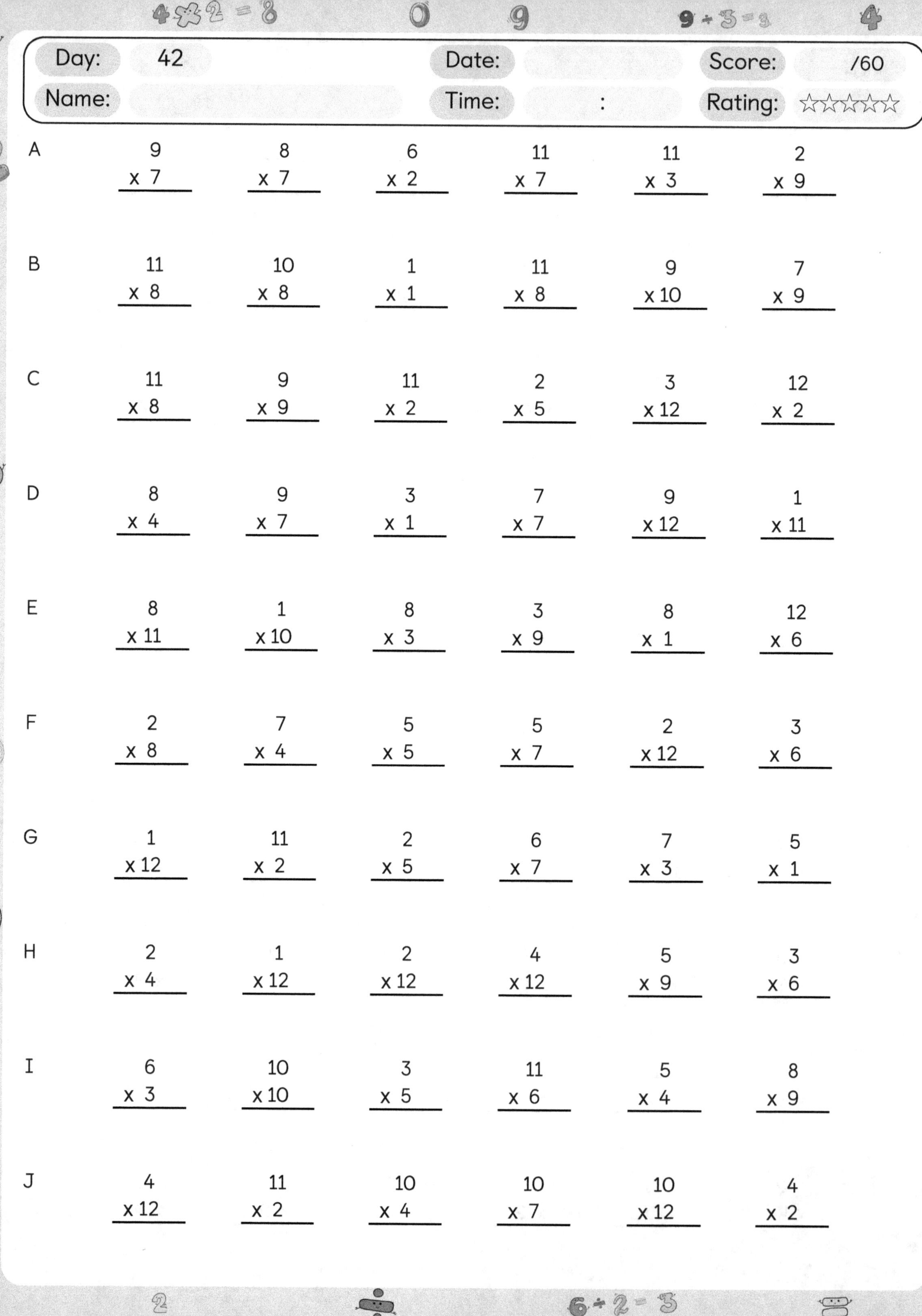

A	9 x 7	8 x 7	6 x 2	11 x 7	11 x 3	2 x 9
B	11 x 8	10 x 8	1 x 1	11 x 8	9 x 10	7 x 9
C	11 x 8	9 x 9	11 x 2	2 x 5	3 x 12	12 x 2
D	8 x 4	9 x 7	3 x 1	7 x 7	9 x 12	1 x 11
E	8 x 11	1 x 10	8 x 3	3 x 9	8 x 1	12 x 6
F	2 x 8	7 x 4	5 x 5	5 x 7	2 x 12	3 x 6
G	1 x 12	11 x 2	2 x 5	6 x 7	7 x 3	5 x 1
H	2 x 4	1 x 12	2 x 12	4 x 12	5 x 9	3 x 6
I	6 x 3	10 x 10	3 x 5	11 x 6	5 x 4	8 x 9
J	4 x 12	11 x 2	10 x 4	10 x 7	10 x 12	4 x 2

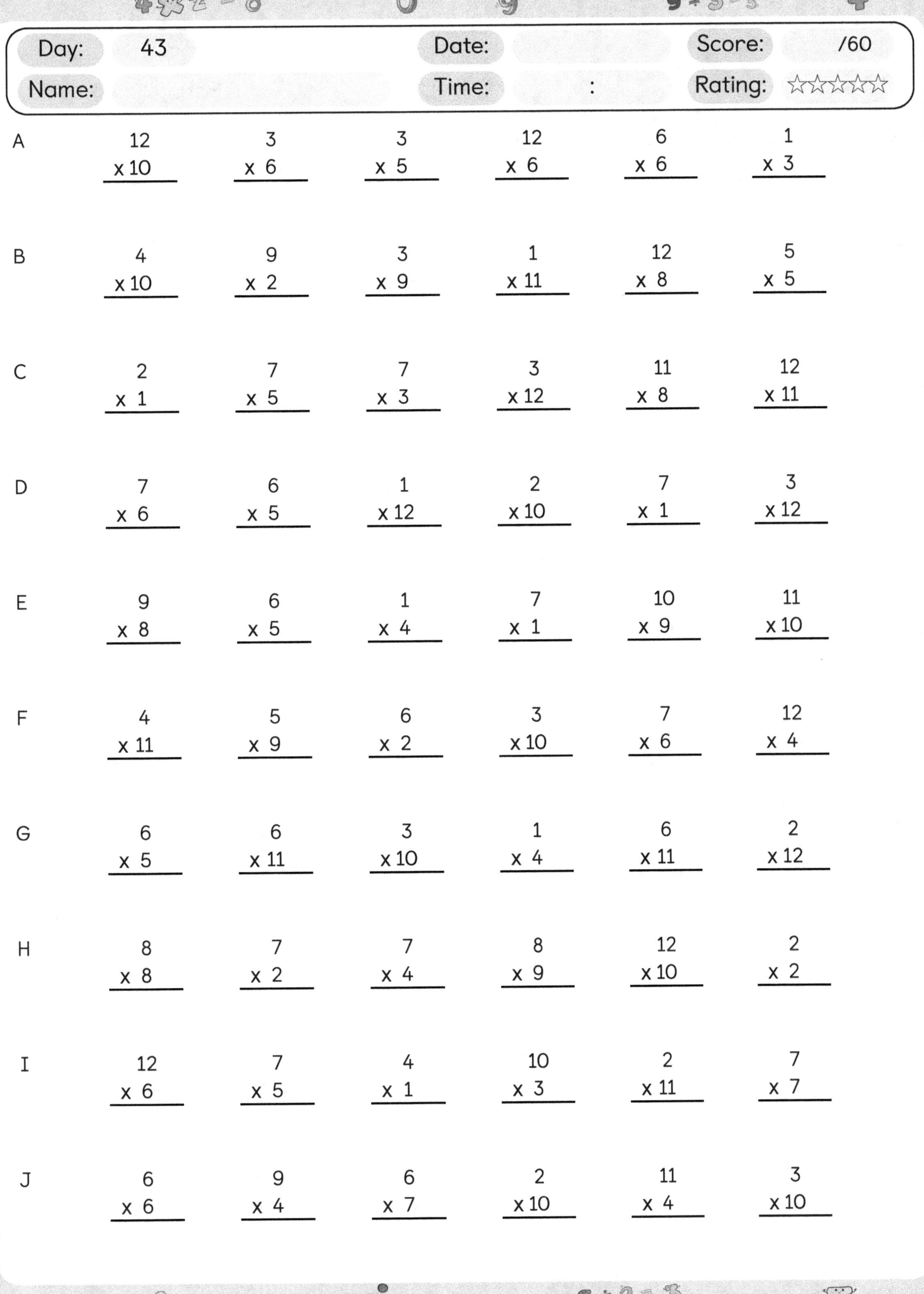

A	12 x 10	3 x 6	3 x 5	12 x 6	6 x 6	1 x 3
B	4 x 10	9 x 2	3 x 9	1 x 11	12 x 8	5 x 5
C	2 x 1	7 x 5	7 x 3	3 x 12	11 x 8	12 x 11
D	7 x 6	6 x 5	1 x 12	2 x 10	7 x 1	3 x 12
E	9 x 8	6 x 5	1 x 4	7 x 1	10 x 9	11 x 10
F	4 x 11	5 x 9	6 x 2	3 x 10	7 x 6	12 x 4
G	6 x 5	6 x 11	3 x 10	1 x 4	6 x 11	2 x 12
H	8 x 8	7 x 2	7 x 4	8 x 9	12 x 10	2 x 2
I	12 x 6	7 x 5	4 x 1	10 x 3	2 x 11	7 x 7
J	6 x 6	9 x 4	6 x 7	2 x 10	11 x 4	3 x 10

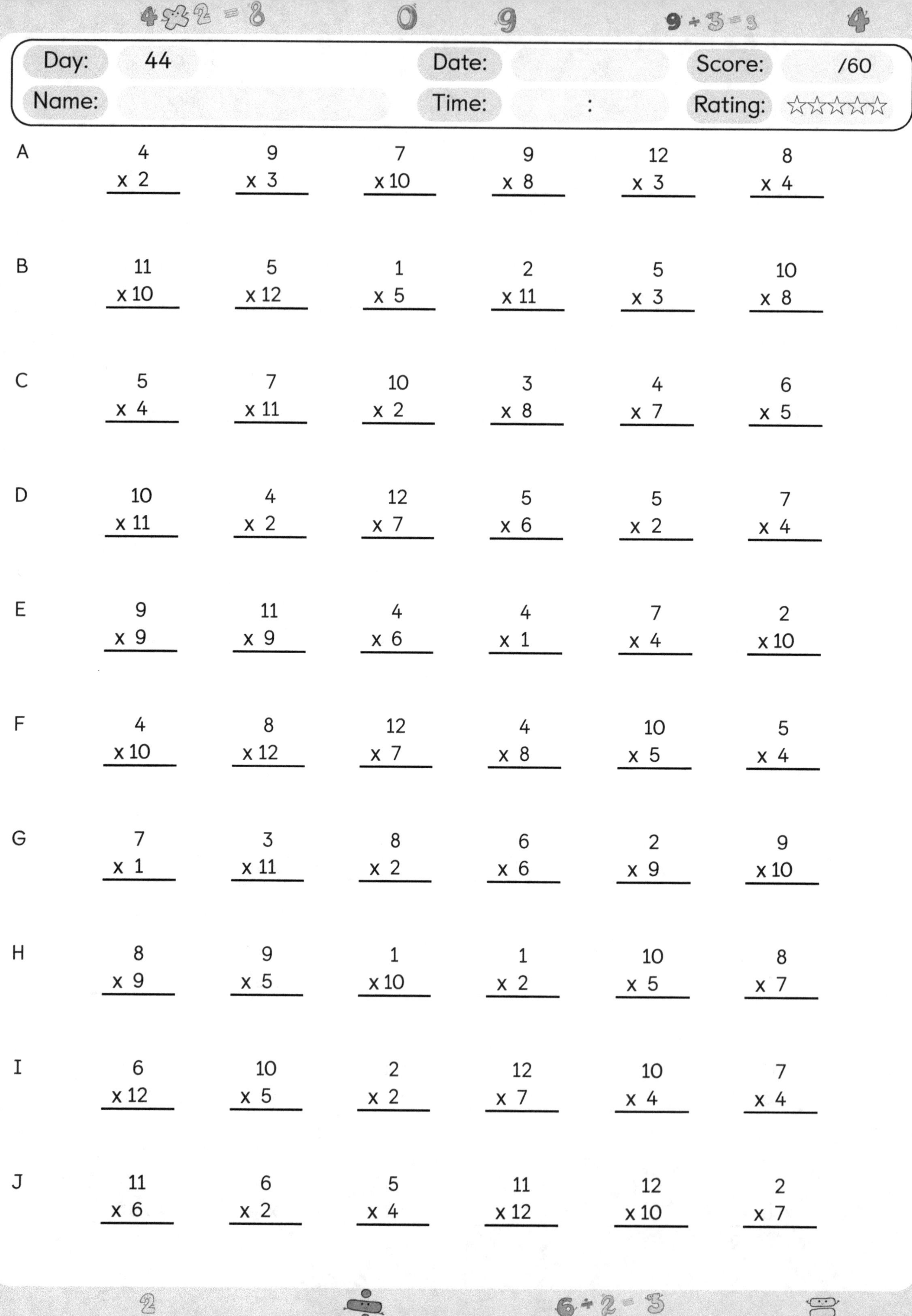

| Day: | 44 | | Date: | | Score: | /60 |
| Name: | | | Time: | : | Rating: | ☆☆☆☆☆☆ |

A	4 × 2	9 × 3	7 × 10	9 × 8	12 × 3	8 × 4
B	11 × 10	5 × 12	1 × 5	2 × 11	5 × 3	10 × 8
C	5 × 4	7 × 11	10 × 2	3 × 8	4 × 7	6 × 5
D	10 × 11	4 × 2	12 × 7	5 × 6	5 × 2	7 × 4
E	9 × 9	11 × 9	4 × 6	4 × 1	7 × 4	2 × 10
F	4 × 10	8 × 12	12 × 7	4 × 8	10 × 5	5 × 4
G	7 × 1	3 × 11	8 × 2	6 × 6	2 × 9	9 × 10
H	8 × 9	9 × 5	1 × 10	1 × 2	10 × 5	8 × 7
I	6 × 12	10 × 5	2 × 2	12 × 7	10 × 4	7 × 4
J	11 × 6	6 × 2	5 × 4	11 × 12	12 × 10	2 × 7

A	8 x 8	2 x 12	5 x 1	5 x 4	11 x 2	9 x 4
B	8 x 9	1 x 8	12 x 3	11 x 7	12 x 12	9 x 4
C	1 x 1	7 x 1	3 x 8	7 x 3	8 x 8	11 x 2
D	10 x 6	2 x 4	5 x 5	8 x 4	6 x 4	10 x 1
E	10 x 7	4 x 12	4 x 7	12 x 12	8 x 7	12 x 6
F	3 x 4	4 x 6	11 x 4	4 x 10	11 x 9	6 x 12
G	8 x 7	10 x 3	5 x 9	4 x 12	11 x 8	8 x 8
H	8 x 12	7 x 7	10 x 4	12 x 5	5 x 8	6 x 7
I	9 x 7	2 x 8	3 x 1	2 x 12	6 x 3	6 x 2
J	7 x 11	10 x 7	5 x 7	3 x 4	11 x 6	5 x 6

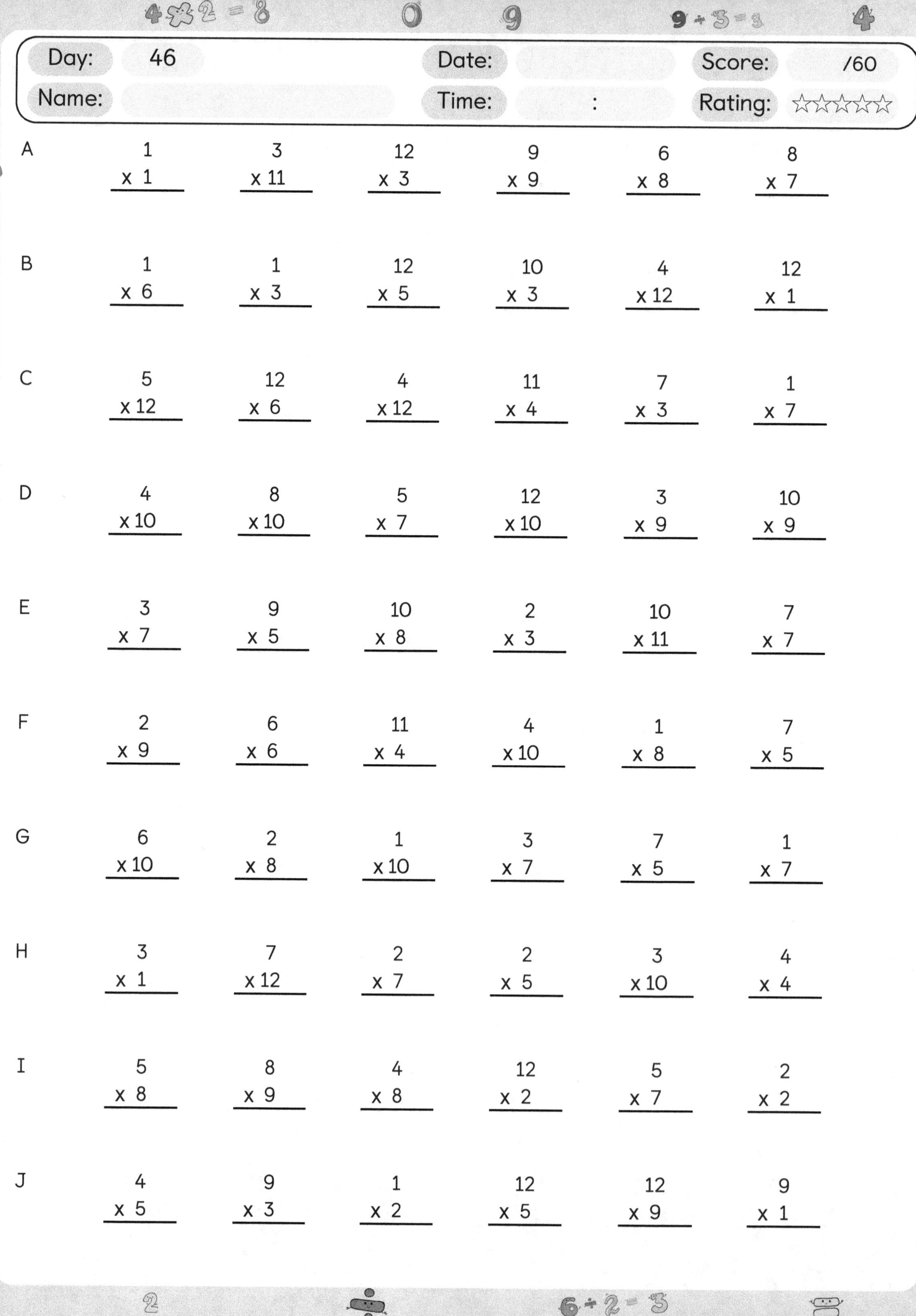

Day: 46
Date:
Score: /60
Name:
Time: :
Rating: ☆☆☆☆☆☆

A
1
x 1

3
x 11

12
x 3

9
x 9

6
x 8

8
x 7

B
1
x 6

1
x 3

12
x 5

10
x 3

4
x 12

12
x 1

C
5
x 12

12
x 6

4
x 12

11
x 4

7
x 3

1
x 7

D
4
x 10

8
x 10

5
x 7

12
x 10

3
x 9

10
x 9

E
3
x 7

9
x 5

10
x 8

2
x 3

10
x 11

7
x 7

F
2
x 9

6
x 6

11
x 4

4
x 10

1
x 8

7
x 5

G
6
x 10

2
x 8

1
x 10

3
x 7

7
x 5

1
x 7

H
3
x 1

7
x 12

2
x 7

2
x 5

3
x 10

4
x 4

I
5
x 8

8
x 9

4
x 8

12
x 2

5
x 7

2
x 2

J
4
x 5

9
x 3

1
x 2

12
x 5

12
x 9

9
x 1

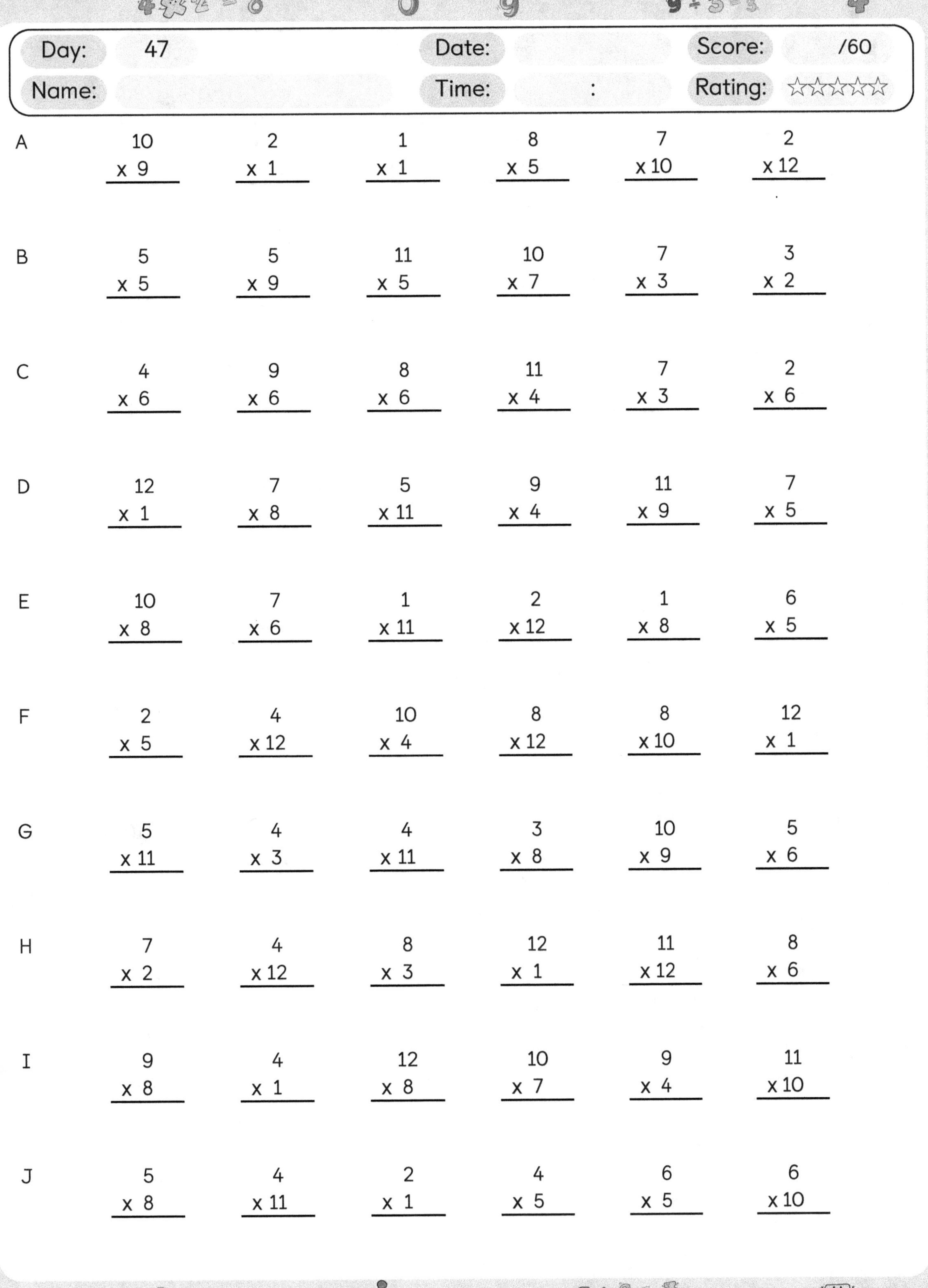

A	10 x 9	2 x 1	1 x 1	8 x 5	7 x 10	2 x 12
B	5 x 5	5 x 9	11 x 5	10 x 7	7 x 3	3 x 2
C	4 x 6	9 x 6	8 x 6	11 x 4	7 x 3	2 x 6
D	12 x 1	7 x 8	5 x 11	9 x 4	11 x 9	7 x 5
E	10 x 8	7 x 6	1 x 11	2 x 12	1 x 8	6 x 5
F	2 x 5	4 x 12	10 x 4	8 x 12	8 x 10	12 x 1
G	5 x 11	4 x 3	4 x 11	3 x 8	10 x 9	5 x 6
H	7 x 2	4 x 12	8 x 3	12 x 1	11 x 12	8 x 6
I	9 x 8	4 x 1	12 x 8	10 x 7	9 x 4	11 x 10
J	5 x 8	4 x 11	2 x 1	4 x 5	6 x 5	6 x 10

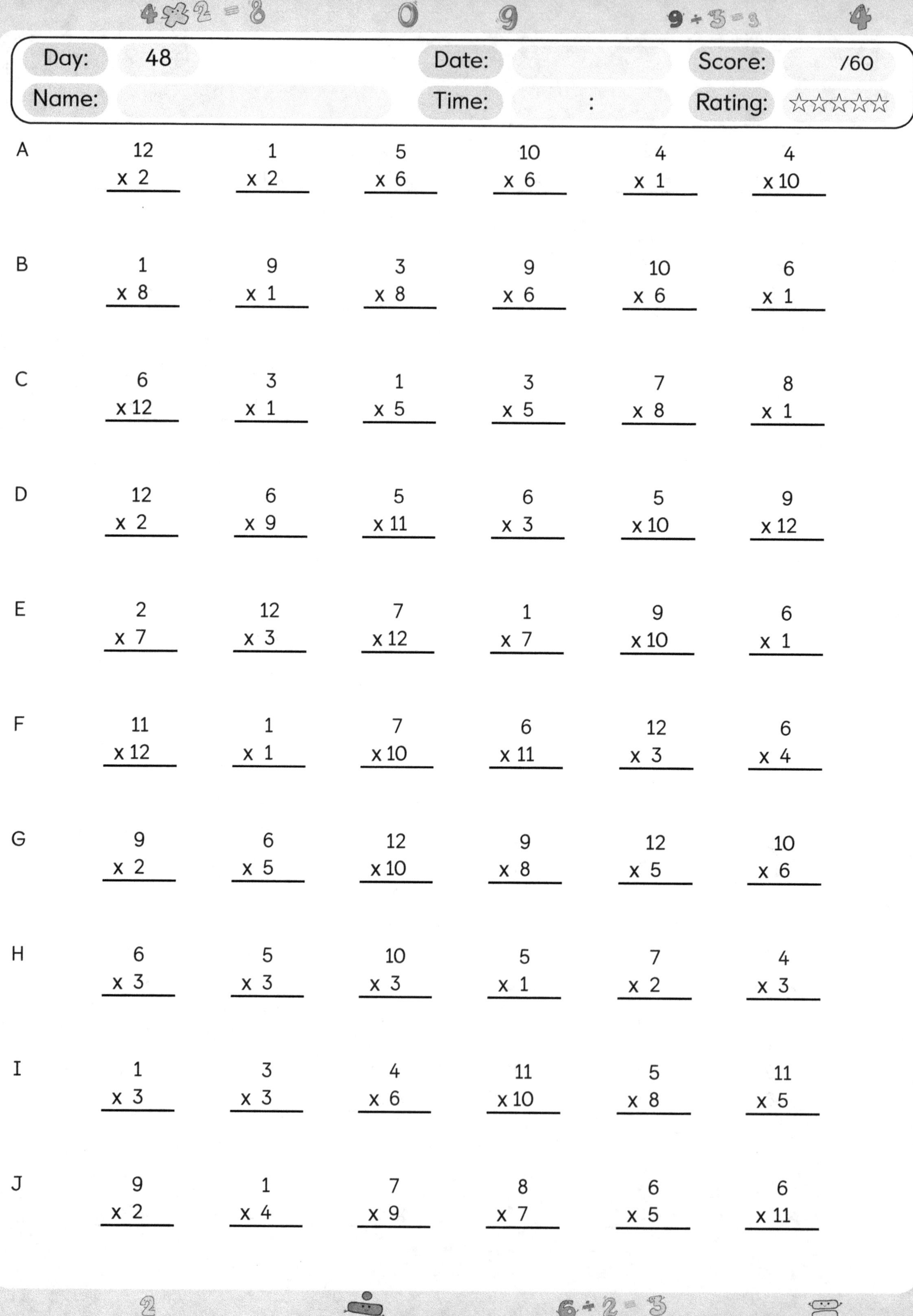

<table>
<tr><td>Day:</td><td>48</td><td>Date:</td><td></td><td>Score:</td><td>/60</td></tr>
<tr><td>Name:</td><td></td><td>Time:</td><td>:</td><td>Rating:</td><td>☆☆☆☆☆☆</td></tr>
</table>

A	12 × 2	1 × 2	5 × 6	10 × 6	4 × 1	4 × 10
B	1 × 8	9 × 1	3 × 8	9 × 6	10 × 6	6 × 1
C	6 × 12	3 × 1	1 × 5	3 × 5	7 × 8	8 × 1
D	12 × 2	6 × 9	5 × 11	6 × 3	5 × 10	9 × 12
E	2 × 7	12 × 3	7 × 12	1 × 7	9 × 10	6 × 1
F	11 × 12	1 × 1	7 × 10	6 × 11	12 × 3	6 × 4
G	9 × 2	6 × 5	12 × 10	9 × 8	12 × 5	10 × 6
H	6 × 3	5 × 3	10 × 3	5 × 1	7 × 2	4 × 3
I	1 × 3	3 × 3	4 × 6	11 × 10	5 × 8	11 × 5
J	9 × 2	1 × 4	7 × 9	8 × 7	6 × 5	6 × 11

<table>
<tr><td>Day:</td><td>49</td><td></td><td>Date:</td><td></td><td>Score:</td><td>/60</td></tr>
<tr><td>Name:</td><td></td><td></td><td>Time:</td><td>:</td><td>Rating:</td><td>☆☆☆☆☆</td></tr>
</table>

A $\begin{array}{r}5\\ \times\,12\\\hline\end{array}$	$\begin{array}{r}3\\ \times\,11\\\hline\end{array}$	$\begin{array}{r}2\\ \times\,4\\\hline\end{array}$	$\begin{array}{r}6\\ \times\,11\\\hline\end{array}$	$\begin{array}{r}12\\ \times\,10\\\hline\end{array}$	$\begin{array}{r}5\\ \times\,2\\\hline\end{array}$
B $\begin{array}{r}5\\ \times\,4\\\hline\end{array}$	$\begin{array}{r}3\\ \times\,10\\\hline\end{array}$	$\begin{array}{r}10\\ \times\,4\\\hline\end{array}$	$\begin{array}{r}8\\ \times\,11\\\hline\end{array}$	$\begin{array}{r}3\\ \times\,11\\\hline\end{array}$	$\begin{array}{r}6\\ \times\,1\\\hline\end{array}$
C $\begin{array}{r}2\\ \times\,6\\\hline\end{array}$	$\begin{array}{r}7\\ \times\,3\\\hline\end{array}$	$\begin{array}{r}4\\ \times\,12\\\hline\end{array}$	$\begin{array}{r}9\\ \times\,9\\\hline\end{array}$	$\begin{array}{r}8\\ \times\,10\\\hline\end{array}$	$\begin{array}{r}6\\ \times\,8\\\hline\end{array}$
D $\begin{array}{r}7\\ \times\,5\\\hline\end{array}$	$\begin{array}{r}9\\ \times\,6\\\hline\end{array}$	$\begin{array}{r}1\\ \times\,10\\\hline\end{array}$	$\begin{array}{r}3\\ \times\,10\\\hline\end{array}$	$\begin{array}{r}9\\ \times\,8\\\hline\end{array}$	$\begin{array}{r}1\\ \times\,6\\\hline\end{array}$
E $\begin{array}{r}10\\ \times\,1\\\hline\end{array}$	$\begin{array}{r}10\\ \times\,12\\\hline\end{array}$	$\begin{array}{r}3\\ \times\,10\\\hline\end{array}$	$\begin{array}{r}2\\ \times\,10\\\hline\end{array}$	$\begin{array}{r}10\\ \times\,10\\\hline\end{array}$	$\begin{array}{r}12\\ \times\,8\\\hline\end{array}$
F $\begin{array}{r}1\\ \times\,5\\\hline\end{array}$	$\begin{array}{r}1\\ \times\,10\\\hline\end{array}$	$\begin{array}{r}5\\ \times\,4\\\hline\end{array}$	$\begin{array}{r}5\\ \times\,5\\\hline\end{array}$	$\begin{array}{r}5\\ \times\,7\\\hline\end{array}$	$\begin{array}{r}12\\ \times\,2\\\hline\end{array}$
G $\begin{array}{r}5\\ \times\,6\\\hline\end{array}$	$\begin{array}{r}9\\ \times\,2\\\hline\end{array}$	$\begin{array}{r}2\\ \times\,9\\\hline\end{array}$	$\begin{array}{r}4\\ \times\,11\\\hline\end{array}$	$\begin{array}{r}7\\ \times\,5\\\hline\end{array}$	$\begin{array}{r}2\\ \times\,2\\\hline\end{array}$
H $\begin{array}{r}6\\ \times\,6\\\hline\end{array}$	$\begin{array}{r}1\\ \times\,1\\\hline\end{array}$	$\begin{array}{r}1\\ \times\,5\\\hline\end{array}$	$\begin{array}{r}6\\ \times\,1\\\hline\end{array}$	$\begin{array}{r}5\\ \times\,3\\\hline\end{array}$	$\begin{array}{r}9\\ \times\,7\\\hline\end{array}$
I $\begin{array}{r}1\\ \times\,11\\\hline\end{array}$	$\begin{array}{r}4\\ \times\,4\\\hline\end{array}$	$\begin{array}{r}9\\ \times\,3\\\hline\end{array}$	$\begin{array}{r}11\\ \times\,6\\\hline\end{array}$	$\begin{array}{r}1\\ \times\,10\\\hline\end{array}$	$\begin{array}{r}10\\ \times\,10\\\hline\end{array}$
J $\begin{array}{r}5\\ \times\,4\\\hline\end{array}$	$\begin{array}{r}5\\ \times\,7\\\hline\end{array}$	$\begin{array}{r}1\\ \times\,2\\\hline\end{array}$	$\begin{array}{r}12\\ \times\,12\\\hline\end{array}$	$\begin{array}{r}7\\ \times\,10\\\hline\end{array}$	$\begin{array}{r}4\\ \times\,9\\\hline\end{array}$

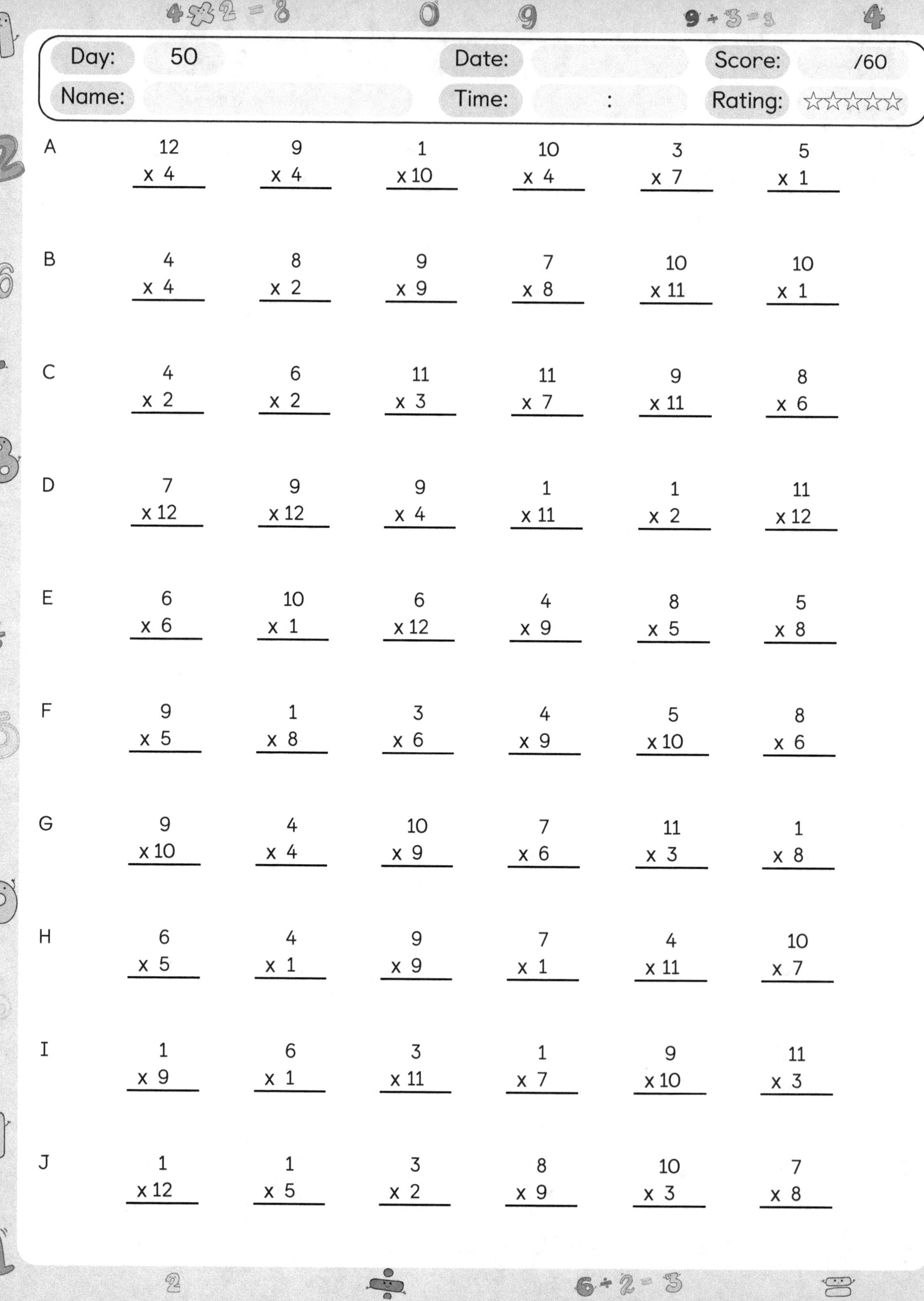

Day: 50   Date: Score: /60
Name: Time: :   Rating: ☆☆☆☆☆☆

A
12   9   1   10   3   5
x 4   x 4   x 10   x 4   x 7   x 1

B
4   8   9   7   10   10
x 4   x 2   x 9   x 8   x 11   x 1

C
4   6   11   11   9   8
x 2   x 2   x 3   x 7   x 11   x 6

D
7   9   9   1   1   11
x 12   x 12   x 4   x 11   x 2   x 12

E
6   10   6   4   8   5
x 6   x 1   x 12   x 9   x 5   x 8

F
9   1   3   4   5   8
x 5   x 8   x 6   x 9   x 10   x 6

G
9   4   10   7   11   1
x 10   x 4   x 9   x 6   x 3   x 8

H
6   4   9   7   4   10
x 5   x 1   x 9   x 1   x 11   x 7

I
1   6   3   1   9   11
x 9   x 1   x 11   x 7   x 10   x 3

J
1   1   3   8   10   7
x 12   x 5   x 2   x 9   x 3   x 8

A	2 ÷ 2	10 ÷ 5	72 ÷ 12	27 ÷ 9	44 ÷ 4	11 ÷ 11
B	10 ÷ 10	88 ÷ 11	32 ÷ 4	50 ÷ 5	20 ÷ 4	18 ÷ 3
C	20 ÷ 10	63 ÷ 7	16 ÷ 2	90 ÷ 9	72 ÷ 8	33 ÷ 3
D	108 ÷ 9	21 ÷ 3	32 ÷ 8	16 ÷ 2	45 ÷ 5	16 ÷ 2
E	20 ÷ 10	24 ÷ 8	4 ÷ 1	25 ÷ 5	110 ÷ 11	24 ÷ 3
F	44 ÷ 11	48 ÷ 8	88 ÷ 11	6 ÷ 3	28 ÷ 7	24 ÷ 2
G	33 ÷ 11	36 ÷ 12	8 ÷ 4	30 ÷ 10	88 ÷ 11	27 ÷ 3
H	70 ÷ 10	5 ÷ 1	60 ÷ 10	4 ÷ 1	18 ÷ 2	42 ÷ 7
I	54 ÷ 9	63 ÷ 9	80 ÷ 8	9 ÷ 9	96 ÷ 8	90 ÷ 9
J	21 ÷ 7	15 ÷ 3	2 ÷ 2	27 ÷ 9	42 ÷ 7	50 ÷ 5

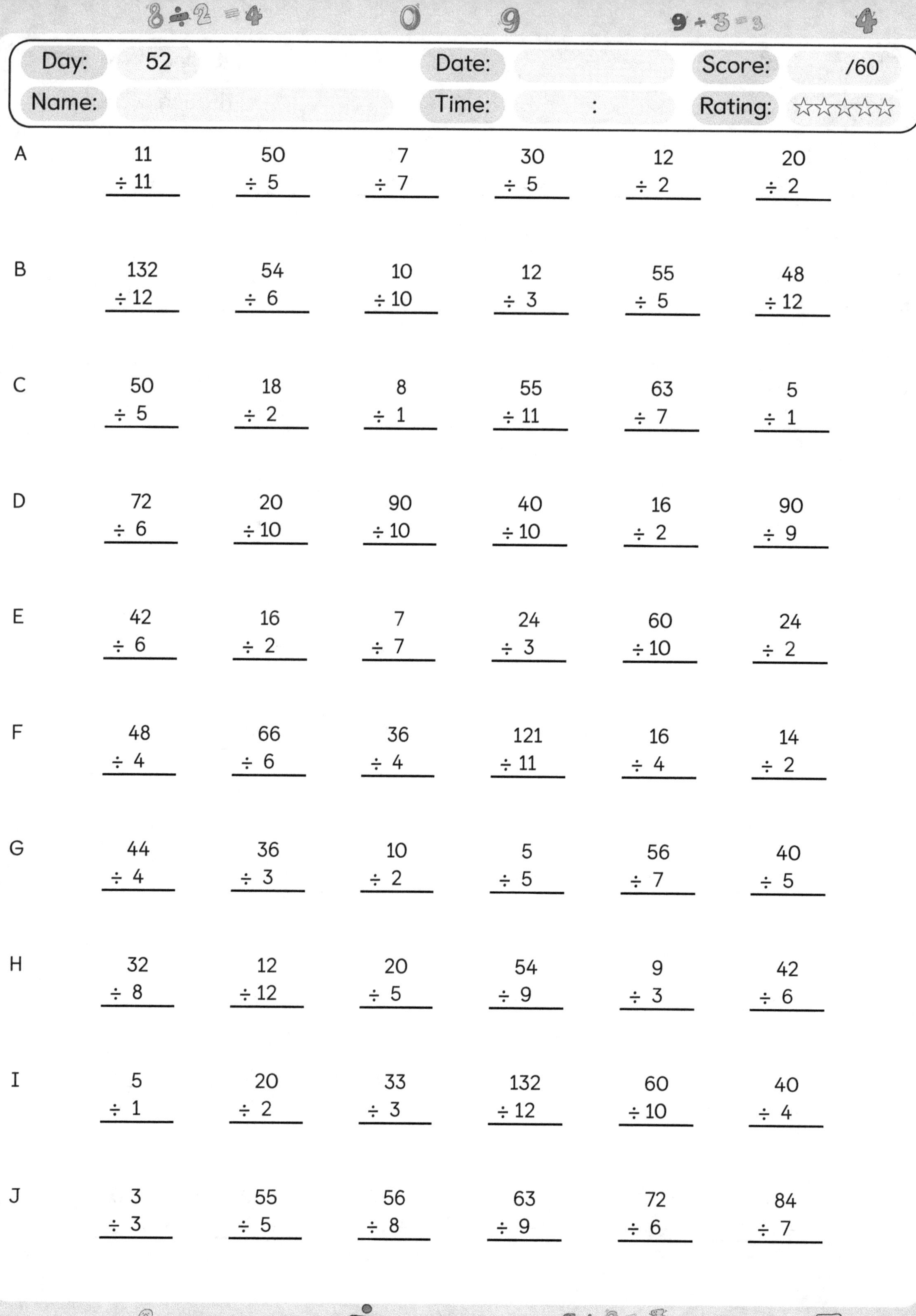

| Day: | 52 | | Date: | | Score: | /60 |
| Name: | | | Time: | : | Rating: | ☆☆☆☆☆ |

A	11 ÷ 11	50 ÷ 5	7 ÷ 7	30 ÷ 5	12 ÷ 2	20 ÷ 2
B	132 ÷ 12	54 ÷ 6	10 ÷ 10	12 ÷ 3	55 ÷ 5	48 ÷ 12
C	50 ÷ 5	18 ÷ 2	8 ÷ 1	55 ÷ 11	63 ÷ 7	5 ÷ 1
D	72 ÷ 6	20 ÷ 10	90 ÷ 10	40 ÷ 10	16 ÷ 2	90 ÷ 9
E	42 ÷ 6	16 ÷ 2	7 ÷ 7	24 ÷ 3	60 ÷ 10	24 ÷ 2
F	48 ÷ 4	66 ÷ 6	36 ÷ 4	121 ÷ 11	16 ÷ 4	14 ÷ 2
G	44 ÷ 4	36 ÷ 3	10 ÷ 2	5 ÷ 5	56 ÷ 7	40 ÷ 5
H	32 ÷ 8	12 ÷ 12	20 ÷ 5	54 ÷ 9	9 ÷ 3	42 ÷ 6
I	5 ÷ 1	20 ÷ 2	33 ÷ 3	132 ÷ 12	60 ÷ 10	40 ÷ 4
J	3 ÷ 3	55 ÷ 5	56 ÷ 8	63 ÷ 9	72 ÷ 6	84 ÷ 7

A	$30 \div 10$	$36 \div 6$	$30 \div 3$	$12 \div 3$	$33 \div 3$	$6 \div 6$
B	$42 \div 7$	$55 \div 11$	$49 \div 7$	$77 \div 11$	$50 \div 5$	$120 \div 12$
C	$12 \div 2$	$42 \div 7$	$81 \div 9$	$96 \div 8$	$100 \div 10$	$32 \div 4$
D	$4 \div 1$	$20 \div 5$	$18 \div 6$	$60 \div 12$	$6 \div 6$	$36 \div 12$
E	$99 \div 9$	$15 \div 3$	$6 \div 6$	$30 \div 10$	$14 \div 2$	$24 \div 6$
F	$121 \div 11$	$36 \div 12$	$8 \div 2$	$27 \div 9$	$18 \div 2$	$48 \div 6$
G	$10 \div 1$	$49 \div 7$	$16 \div 2$	$36 \div 3$	$72 \div 12$	$4 \div 1$
H	$14 \div 2$	$63 \div 7$	$6 \div 3$	$30 \div 5$	$108 \div 12$	$72 \div 9$
I	$2 \div 2$	$36 \div 6$	$3 \div 1$	$10 \div 1$	$10 \div 5$	$110 \div 10$
J	$60 \div 10$	$50 \div 5$	$14 \div 7$	$108 \div 9$	$55 \div 5$	$88 \div 11$

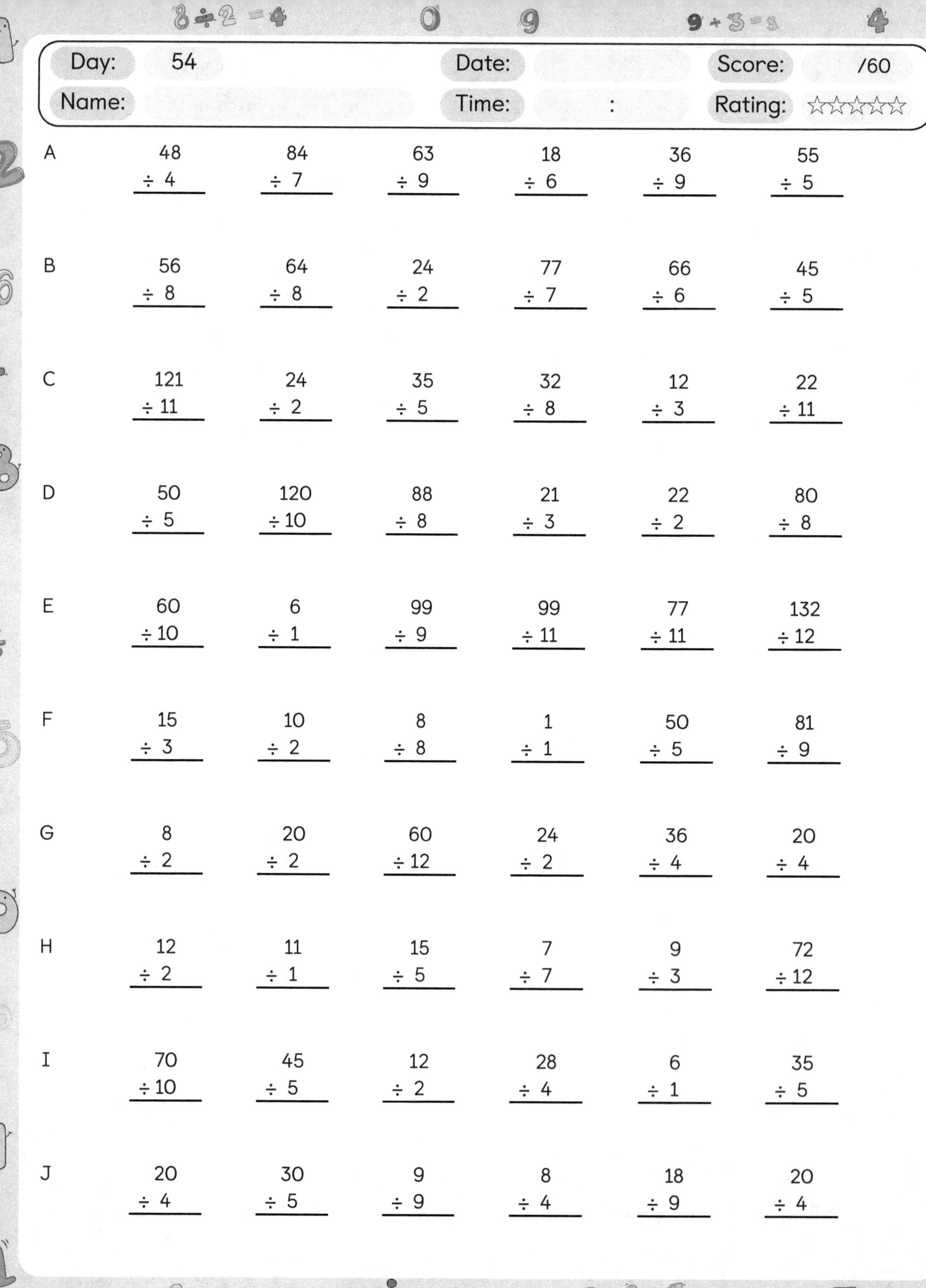

A	48 ÷ 4	84 ÷ 7	63 ÷ 9	18 ÷ 6	36 ÷ 9	55 ÷ 5
B	56 ÷ 8	64 ÷ 8	24 ÷ 2	77 ÷ 7	66 ÷ 6	45 ÷ 5
C	121 ÷ 11	24 ÷ 2	35 ÷ 5	32 ÷ 8	12 ÷ 3	22 ÷ 11
D	50 ÷ 5	120 ÷ 10	88 ÷ 8	21 ÷ 3	22 ÷ 2	80 ÷ 8
E	60 ÷ 10	6 ÷ 1	99 ÷ 9	99 ÷ 11	77 ÷ 11	132 ÷ 12
F	15 ÷ 3	10 ÷ 2	8 ÷ 8	1 ÷ 1	50 ÷ 5	81 ÷ 9
G	8 ÷ 2	20 ÷ 2	60 ÷ 12	24 ÷ 2	36 ÷ 4	20 ÷ 4
H	12 ÷ 2	11 ÷ 1	15 ÷ 5	7 ÷ 7	9 ÷ 3	72 ÷ 12
I	70 ÷ 10	45 ÷ 5	12 ÷ 2	28 ÷ 4	6 ÷ 1	35 ÷ 5
J	20 ÷ 4	30 ÷ 5	9 ÷ 9	8 ÷ 4	18 ÷ 9	20 ÷ 4

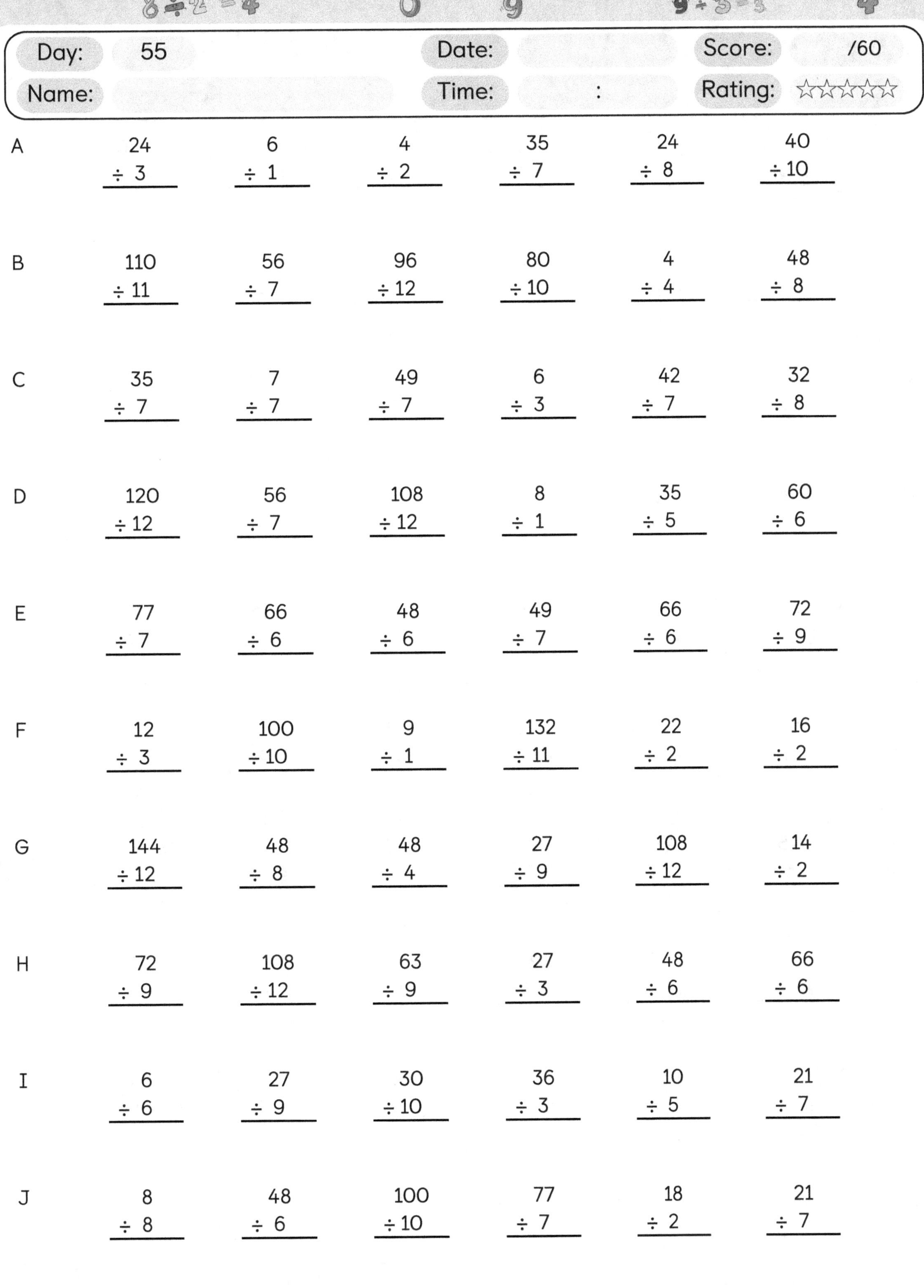

Day: 55   Date: Score: /60
Name: Time: :   Rating: ☆☆☆☆☆☆

A   24 ÷ 3   6 ÷ 1   4 ÷ 2   35 ÷ 7   24 ÷ 8   40 ÷ 10

B   110 ÷ 11   56 ÷ 7   96 ÷ 12   80 ÷ 10   4 ÷ 4   48 ÷ 8

C   35 ÷ 7   7 ÷ 7   49 ÷ 7   6 ÷ 3   42 ÷ 7   32 ÷ 8

D   120 ÷ 12   56 ÷ 7   108 ÷ 12   8 ÷ 1   35 ÷ 5   60 ÷ 6

E   77 ÷ 7   66 ÷ 6   48 ÷ 6   49 ÷ 7   66 ÷ 6   72 ÷ 9

F   12 ÷ 3   100 ÷ 10   9 ÷ 1   132 ÷ 11   22 ÷ 2   16 ÷ 2

G   144 ÷ 12   48 ÷ 8   48 ÷ 4   27 ÷ 9   108 ÷ 12   14 ÷ 2

H   72 ÷ 9   108 ÷ 12   63 ÷ 9   27 ÷ 3   48 ÷ 6   66 ÷ 6

I   6 ÷ 6   27 ÷ 9   30 ÷ 10   36 ÷ 3   10 ÷ 5   21 ÷ 7

J   8 ÷ 8   48 ÷ 6   100 ÷ 10   77 ÷ 7   18 ÷ 2   21 ÷ 7

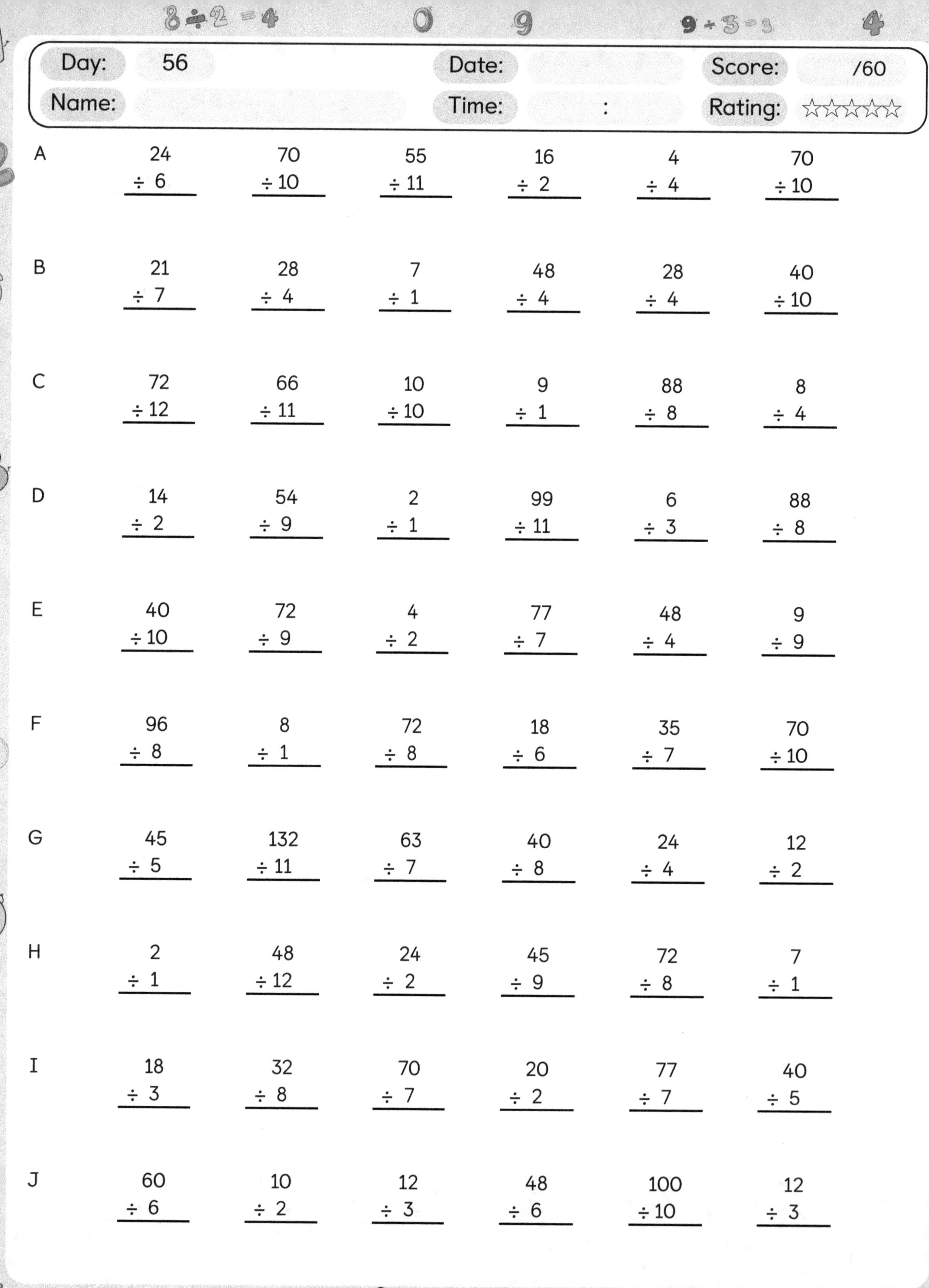

A	24 ÷ 6	70 ÷ 10	55 ÷ 11	16 ÷ 2	4 ÷ 4	70 ÷ 10
B	21 ÷ 7	28 ÷ 4	7 ÷ 1	48 ÷ 4	28 ÷ 4	40 ÷ 10
C	72 ÷ 12	66 ÷ 11	10 ÷ 10	9 ÷ 1	88 ÷ 8	8 ÷ 4
D	14 ÷ 2	54 ÷ 9	2 ÷ 1	99 ÷ 11	6 ÷ 3	88 ÷ 8
E	40 ÷ 10	72 ÷ 9	4 ÷ 2	77 ÷ 7	48 ÷ 4	9 ÷ 9
F	96 ÷ 8	8 ÷ 1	72 ÷ 8	18 ÷ 6	35 ÷ 7	70 ÷ 10
G	45 ÷ 5	132 ÷ 11	63 ÷ 7	40 ÷ 8	24 ÷ 4	12 ÷ 2
H	2 ÷ 1	48 ÷ 12	24 ÷ 2	45 ÷ 9	72 ÷ 8	7 ÷ 1
I	18 ÷ 3	32 ÷ 8	70 ÷ 7	20 ÷ 2	77 ÷ 7	40 ÷ 5
J	60 ÷ 6	10 ÷ 2	12 ÷ 3	48 ÷ 6	100 ÷ 10	12 ÷ 3

A

| 96 ÷ 8 | 33 ÷ 11 | 22 ÷ 2 | 120 ÷ 10 | 21 ÷ 3 | 32 ÷ 8 |

B

| 2 ÷ 2 | 18 ÷ 3 | 44 ÷ 4 | 30 ÷ 5 | 100 ÷ 10 | 66 ÷ 6 |

C

| 24 ÷ 4 | 10 ÷ 2 | 80 ÷ 10 | 72 ÷ 8 | 4 ÷ 4 | 35 ÷ 5 |

D

| 99 ÷ 11 | 15 ÷ 5 | 120 ÷ 10 | 54 ÷ 6 | 77 ÷ 7 | 132 ÷ 12 |

E

| 56 ÷ 8 | 22 ÷ 11 | 18 ÷ 6 | 11 ÷ 11 | 99 ÷ 11 | 28 ÷ 7 |

F

| 21 ÷ 3 | 30 ÷ 3 | 144 ÷ 12 | 28 ÷ 7 | 56 ÷ 8 | 63 ÷ 7 |

G

| 9 ÷ 3 | 6 ÷ 3 | 36 ÷ 12 | 96 ÷ 12 | 10 ÷ 2 | 5 ÷ 5 |

H

| 48 ÷ 12 | 4 ÷ 1 | 10 ÷ 1 | 108 ÷ 12 | 24 ÷ 8 | 36 ÷ 3 |

I

| 66 ÷ 6 | 80 ÷ 10 | 50 ÷ 5 | 33 ÷ 3 | 15 ÷ 5 | 30 ÷ 3 |

J

| 60 ÷ 6 | 6 ÷ 3 | 48 ÷ 6 | 40 ÷ 4 | 132 ÷ 12 | 1 ÷ 1 |

A	42 ÷ 6	11 ÷ 11	24 ÷ 12	70 ÷ 7	60 ÷ 6	16 ÷ 4
B	7 ÷ 1	30 ÷ 3	14 ÷ 7	18 ÷ 9	36 ÷ 4	45 ÷ 5
C	20 ÷ 2	90 ÷ 9	42 ÷ 6	55 ÷ 11	40 ÷ 8	9 ÷ 9
D	35 ÷ 7	44 ÷ 11	63 ÷ 7	30 ÷ 10	15 ÷ 3	16 ÷ 4
E	84 ÷ 7	15 ÷ 5	96 ÷ 8	77 ÷ 7	36 ÷ 3	64 ÷ 8
F	45 ÷ 9	18 ÷ 6	50 ÷ 10	96 ÷ 12	36 ÷ 9	42 ÷ 6
G	16 ÷ 4	77 ÷ 7	18 ÷ 9	99 ÷ 11	81 ÷ 9	54 ÷ 9
H	35 ÷ 7	22 ÷ 2	16 ÷ 8	80 ÷ 8	55 ÷ 5	5 ÷ 5
I	90 ÷ 10	10 ÷ 10	35 ÷ 7	66 ÷ 6	7 ÷ 1	66 ÷ 11
J	48 ÷ 4	66 ÷ 11	88 ÷ 11	84 ÷ 12	99 ÷ 9	10 ÷ 5

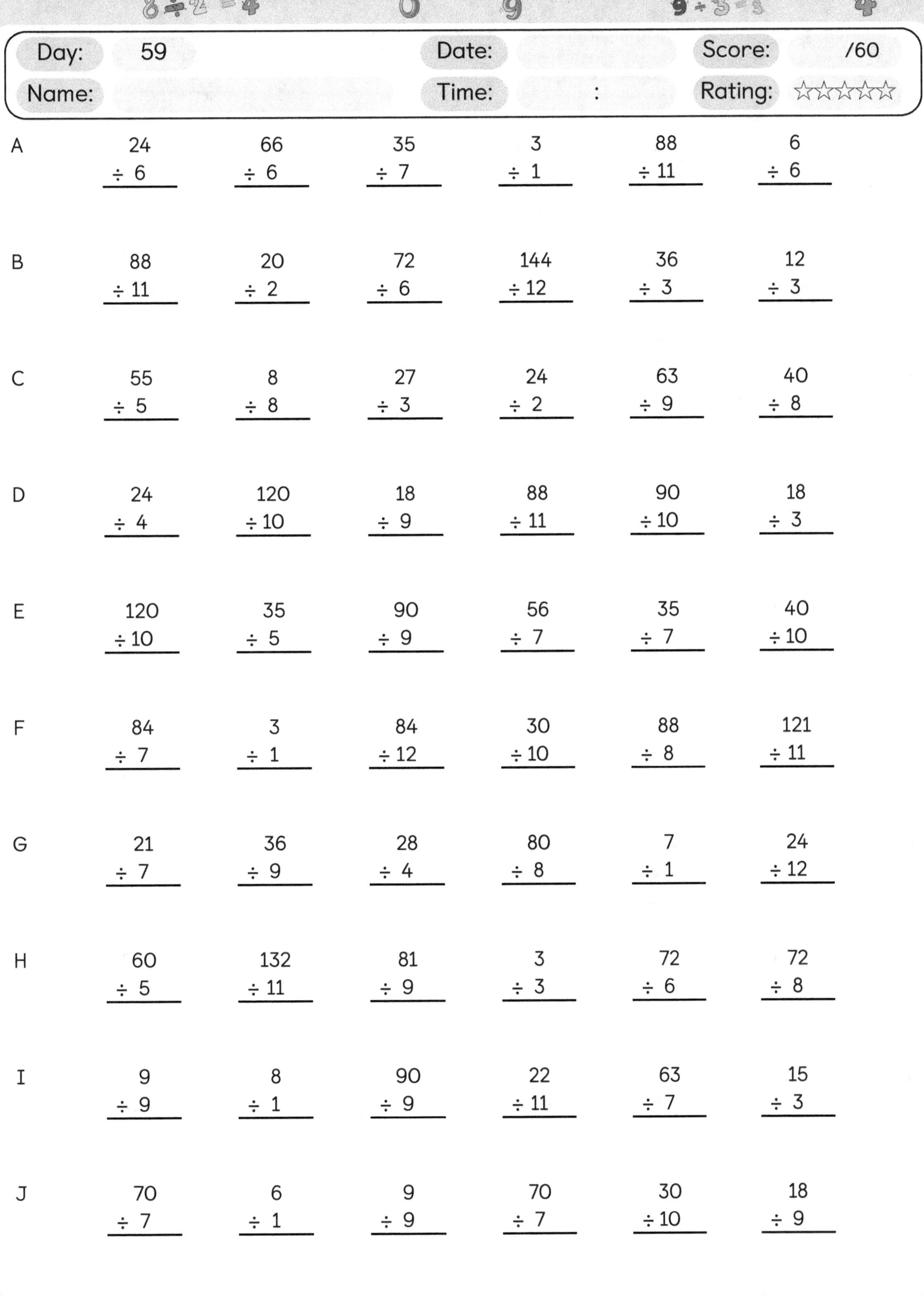

| | Day: | 59 | Date: | | Score: | /60 |
| | Name: | | Time: | : | Rating: | ☆☆☆☆☆ |

A	24 ÷ 6	66 ÷ 6	35 ÷ 7	3 ÷ 1	88 ÷ 11	6 ÷ 6
B	88 ÷ 11	20 ÷ 2	72 ÷ 6	144 ÷ 12	36 ÷ 3	12 ÷ 3
C	55 ÷ 5	8 ÷ 8	27 ÷ 3	24 ÷ 2	63 ÷ 9	40 ÷ 8
D	24 ÷ 4	120 ÷ 10	18 ÷ 9	88 ÷ 11	90 ÷ 10	18 ÷ 3
E	120 ÷ 10	35 ÷ 5	90 ÷ 9	56 ÷ 7	35 ÷ 7	40 ÷ 10
F	84 ÷ 7	3 ÷ 1	84 ÷ 12	30 ÷ 10	88 ÷ 8	121 ÷ 11
G	21 ÷ 7	36 ÷ 9	28 ÷ 4	80 ÷ 8	7 ÷ 1	24 ÷ 12
H	60 ÷ 5	132 ÷ 11	81 ÷ 9	3 ÷ 3	72 ÷ 6	72 ÷ 8
I	9 ÷ 9	8 ÷ 1	90 ÷ 9	22 ÷ 11	63 ÷ 7	15 ÷ 3
J	70 ÷ 7	6 ÷ 1	9 ÷ 9	70 ÷ 7	30 ÷ 10	18 ÷ 9

A	66 ÷ 6	24 ÷ 8	8 ÷ 8	12 ÷ 4	10 ÷ 1	30 ÷ 3
B	36 ÷ 3	70 ÷ 7	30 ÷ 6	22 ÷ 2	36 ÷ 9	72 ÷ 6
C	12 ÷ 12	8 ÷ 8	60 ÷ 10	110 ÷ 11	3 ÷ 3	4 ÷ 4
D	84 ÷ 7	9 ÷ 3	16 ÷ 8	4 ÷ 1	24 ÷ 12	70 ÷ 7
E	48 ÷ 8	72 ÷ 9	15 ÷ 3	50 ÷ 10	8 ÷ 2	11 ÷ 11
F	50 ÷ 10	22 ÷ 11	60 ÷ 6	9 ÷ 1	7 ÷ 7	64 ÷ 8
G	33 ÷ 11	21 ÷ 3	12 ÷ 4	21 ÷ 3	27 ÷ 3	33 ÷ 3
H	70 ÷ 10	56 ÷ 8	50 ÷ 10	80 ÷ 10	33 ÷ 11	12 ÷ 1
I	60 ÷ 10	8 ÷ 8	45 ÷ 5	50 ÷ 5	28 ÷ 7	36 ÷ 9
J	24 ÷ 3	12 ÷ 2	12 ÷ 12	12 ÷ 2	42 ÷ 6	9 ÷ 1

A

| $77 \div 11$ | $28 \div 7$ | $2 \div 1$ | $24 \div 12$ | $56 \div 7$ | $77 \div 11$ |

B

| $32 \div 8$ | $11 \div 11$ | $60 \div 12$ | $25 \div 5$ | $30 \div 5$ | $24 \div 3$ |

C

| $40 \div 8$ | $70 \div 7$ | $5 \div 1$ | $35 \div 5$ | $2 \div 2$ | $36 \div 12$ |

D

| $42 \div 6$ | $72 \div 6$ | $45 \div 9$ | $40 \div 4$ | $48 \div 12$ | $11 \div 11$ |

E

| $20 \div 4$ | $16 \div 8$ | $36 \div 6$ | $2 \div 1$ | $72 \div 6$ | $27 \div 9$ |

F

| $7 \div 1$ | $88 \div 11$ | $14 \div 2$ | $35 \div 7$ | $3 \div 3$ | $15 \div 3$ |

G

| $2 \div 2$ | $96 \div 12$ | $36 \div 4$ | $66 \div 6$ | $14 \div 7$ | $56 \div 8$ |

H

| $4 \div 2$ | $16 \div 4$ | $6 \div 2$ | $44 \div 11$ | $36 \div 6$ | $20 \div 10$ |

I

| $144 \div 12$ | $10 \div 5$ | $30 \div 5$ | $12 \div 1$ | $8 \div 2$ | $110 \div 11$ |

J

| $11 \div 1$ | $15 \div 5$ | $99 \div 9$ | $48 \div 8$ | $64 \div 8$ | $4 \div 1$ |

A	24 ÷ 8	80 ÷ 8	18 ÷ 2	56 ÷ 8	90 ÷ 10	84 ÷ 12
B	24 ÷ 2	84 ÷ 7	88 ÷ 8	4 ÷ 4	24 ÷ 12	40 ÷ 5
C	132 ÷ 11	25 ÷ 5	54 ÷ 6	84 ÷ 12	28 ÷ 4	21 ÷ 3
D	96 ÷ 8	3 ÷ 1	56 ÷ 7	24 ÷ 6	12 ÷ 1	4 ÷ 1
E	12 ÷ 6	20 ÷ 10	12 ÷ 12	70 ÷ 10	12 ÷ 1	2 ÷ 2
F	1 ÷ 1	24 ÷ 4	20 ÷ 5	18 ÷ 3	96 ÷ 12	8 ÷ 2
G	12 ÷ 2	48 ÷ 4	10 ÷ 5	72 ÷ 9	110 ÷ 10	42 ÷ 7
H	72 ÷ 12	132 ÷ 12	10 ÷ 5	72 ÷ 6	72 ÷ 8	60 ÷ 5
I	20 ÷ 10	10 ÷ 10	56 ÷ 7	8 ÷ 1	5 ÷ 1	30 ÷ 3
J	81 ÷ 9	33 ÷ 11	6 ÷ 1	84 ÷ 7	42 ÷ 6	35 ÷ 5

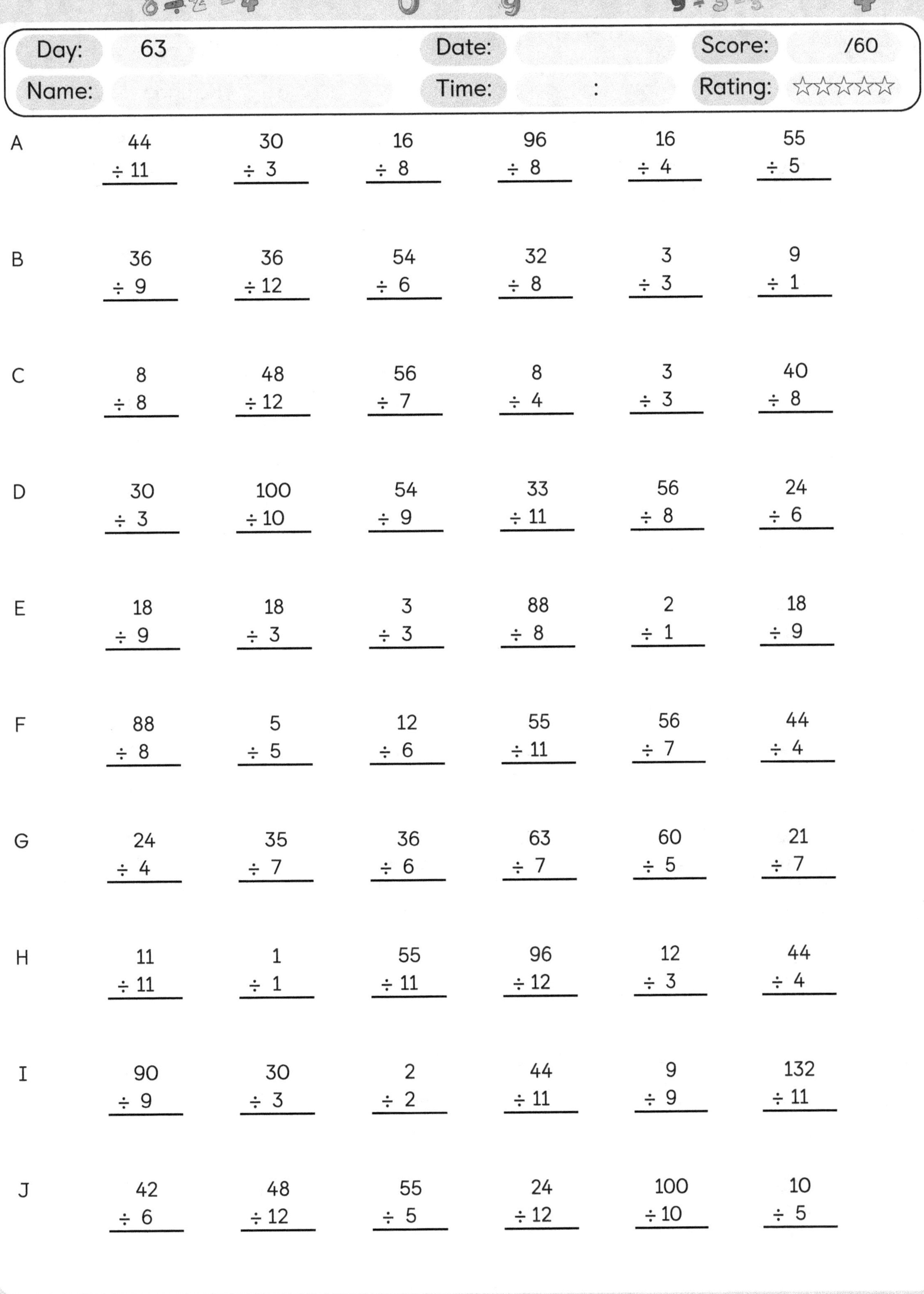

A	44 ÷ 11	30 ÷ 3	16 ÷ 8	96 ÷ 8	16 ÷ 4	55 ÷ 5
B	36 ÷ 9	36 ÷ 12	54 ÷ 6	32 ÷ 8	3 ÷ 3	9 ÷ 1
C	8 ÷ 8	48 ÷ 12	56 ÷ 7	8 ÷ 4	3 ÷ 3	40 ÷ 8
D	30 ÷ 3	100 ÷ 10	54 ÷ 9	33 ÷ 11	56 ÷ 8	24 ÷ 6
E	18 ÷ 9	18 ÷ 3	3 ÷ 3	88 ÷ 8	2 ÷ 1	18 ÷ 9
F	88 ÷ 8	5 ÷ 5	12 ÷ 6	55 ÷ 11	56 ÷ 7	44 ÷ 4
G	24 ÷ 4	35 ÷ 7	36 ÷ 6	63 ÷ 7	60 ÷ 5	21 ÷ 7
H	11 ÷ 11	1 ÷ 1	55 ÷ 11	96 ÷ 12	12 ÷ 3	44 ÷ 4
I	90 ÷ 9	30 ÷ 3	2 ÷ 2	44 ÷ 11	9 ÷ 9	132 ÷ 11
J	42 ÷ 6	48 ÷ 12	55 ÷ 5	24 ÷ 12	100 ÷ 10	10 ÷ 5

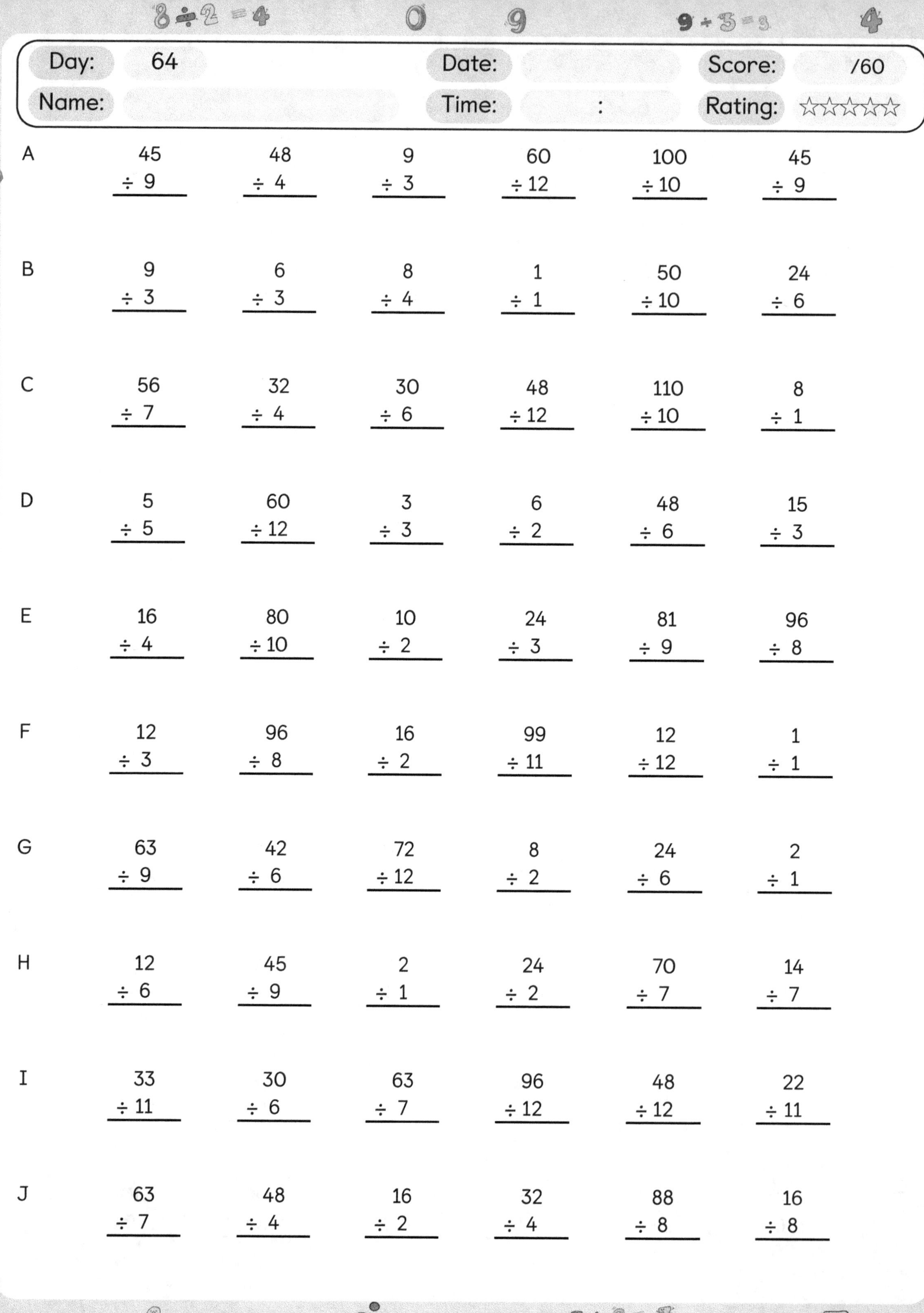

A	45 ÷ 9	48 ÷ 4	9 ÷ 3	60 ÷ 12	100 ÷ 10	45 ÷ 9
B	9 ÷ 3	6 ÷ 3	8 ÷ 4	1 ÷ 1	50 ÷ 10	24 ÷ 6
C	56 ÷ 7	32 ÷ 4	30 ÷ 6	48 ÷ 12	110 ÷ 10	8 ÷ 1
D	5 ÷ 5	60 ÷ 12	3 ÷ 3	6 ÷ 2	48 ÷ 6	15 ÷ 3
E	16 ÷ 4	80 ÷ 10	10 ÷ 2	24 ÷ 3	81 ÷ 9	96 ÷ 8
F	12 ÷ 3	96 ÷ 8	16 ÷ 2	99 ÷ 11	12 ÷ 12	1 ÷ 1
G	63 ÷ 9	42 ÷ 6	72 ÷ 12	8 ÷ 2	24 ÷ 6	2 ÷ 1
H	12 ÷ 6	45 ÷ 9	2 ÷ 1	24 ÷ 2	70 ÷ 7	14 ÷ 7
I	33 ÷ 11	30 ÷ 6	63 ÷ 7	96 ÷ 12	48 ÷ 12	22 ÷ 11
J	63 ÷ 7	48 ÷ 4	16 ÷ 2	32 ÷ 4	88 ÷ 8	16 ÷ 8

A	40 ÷ 5	48 ÷ 6	20 ÷ 4	99 ÷ 11	120 ÷ 12	60 ÷ 10
B	120 ÷ 10	10 ÷ 5	64 ÷ 8	24 ÷ 8	18 ÷ 2	36 ÷ 9
C	4 ÷ 1	90 ÷ 9	24 ÷ 4	44 ÷ 11	36 ÷ 4	45 ÷ 5
D	7 ÷ 7	110 ÷ 11	64 ÷ 8	18 ÷ 3	49 ÷ 7	16 ÷ 2
E	30 ÷ 10	35 ÷ 7	25 ÷ 5	3 ÷ 1	32 ÷ 8	77 ÷ 7
F	12 ÷ 4	6 ÷ 3	32 ÷ 8	12 ÷ 1	60 ÷ 5	12 ÷ 6
G	8 ÷ 8	88 ÷ 11	10 ÷ 5	96 ÷ 8	21 ÷ 3	11 ÷ 1
H	1 ÷ 1	14 ÷ 2	49 ÷ 7	90 ÷ 9	3 ÷ 3	42 ÷ 6
I	14 ÷ 2	12 ÷ 1	18 ÷ 2	50 ÷ 10	9 ÷ 1	70 ÷ 7
J	77 ÷ 7	20 ÷ 2	50 ÷ 10	99 ÷ 9	49 ÷ 7	63 ÷ 9

A

| 144 ÷ 12 | 32 ÷ 4 | 96 ÷ 8 | 132 ÷ 11 | 99 ÷ 9 | 6 ÷ 3 |

B

| 55 ÷ 11 | 4 ÷ 4 | 8 ÷ 4 | 30 ÷ 5 | 21 ÷ 7 | 36 ÷ 4 |

C

| 108 ÷ 9 | 27 ÷ 3 | 8 ÷ 2 | 40 ÷ 10 | 64 ÷ 8 | 24 ÷ 12 |

D

| 77 ÷ 11 | 63 ÷ 9 | 21 ÷ 3 | 24 ÷ 3 | 8 ÷ 4 | 120 ÷ 12 |

E

| 99 ÷ 9 | 12 ÷ 1 | 24 ÷ 6 | 6 ÷ 6 | 24 ÷ 6 | 48 ÷ 8 |

F

| 56 ÷ 7 | 6 ÷ 1 | 80 ÷ 8 | 30 ÷ 3 | 15 ÷ 5 | 90 ÷ 10 |

G

| 80 ÷ 10 | 24 ÷ 2 | 24 ÷ 12 | 7 ÷ 1 | 54 ÷ 6 | 22 ÷ 11 |

H

| 100 ÷ 10 | 6 ÷ 1 | 22 ÷ 2 | 77 ÷ 11 | 55 ÷ 11 | 20 ÷ 2 |

I

| 121 ÷ 11 | 56 ÷ 8 | 1 ÷ 1 | 70 ÷ 10 | 84 ÷ 7 | 7 ÷ 7 |

J

| 55 ÷ 5 | 90 ÷ 10 | 32 ÷ 8 | 16 ÷ 4 | 88 ÷ 8 | 36 ÷ 4 |

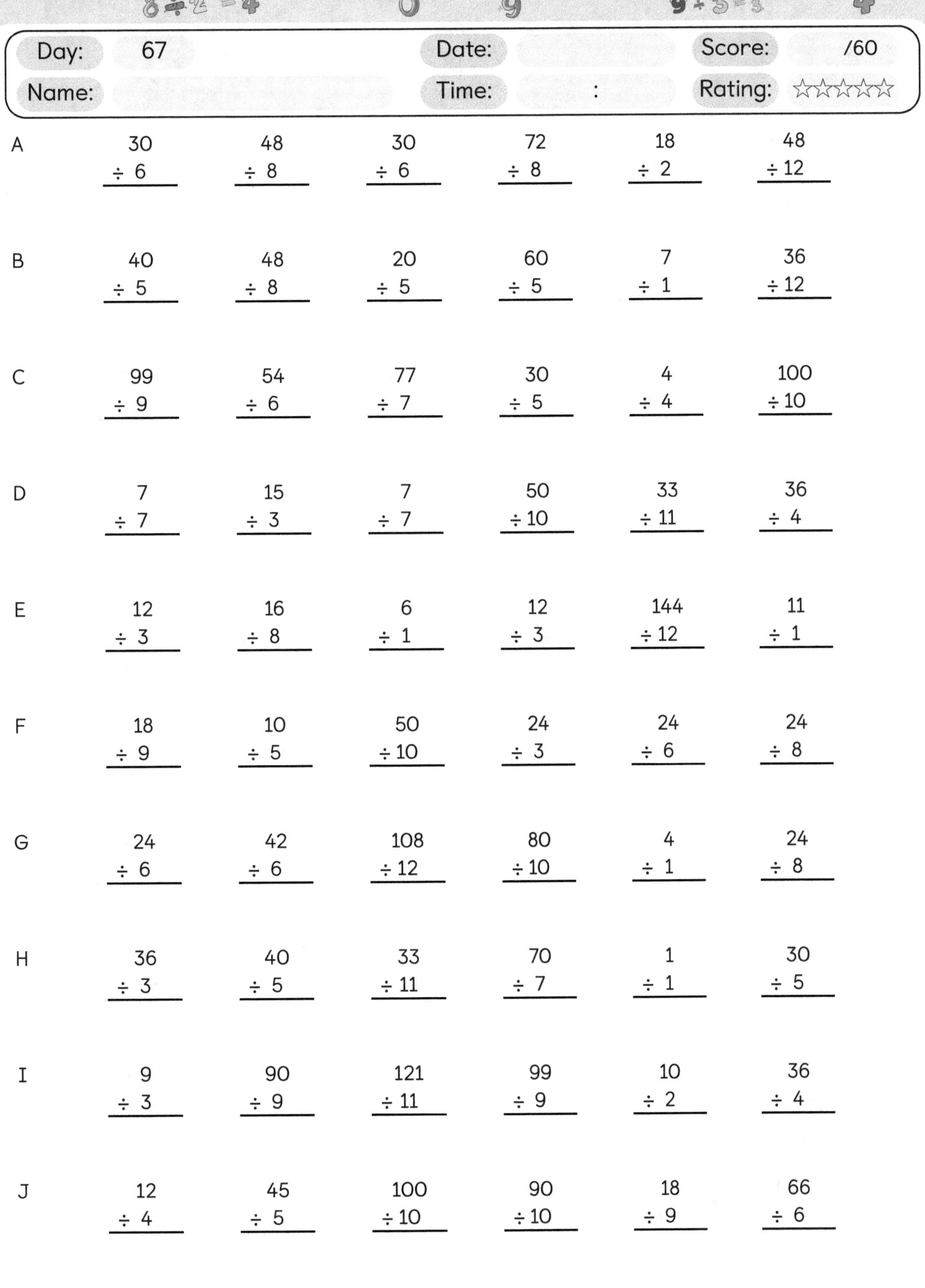

| Day: | 67 | | Date: | | Score: | /60 |
| Name: | | | Time: | : | Rating: | ☆☆☆☆☆ |

A	30 ÷ 6	48 ÷ 8	30 ÷ 6	72 ÷ 8	18 ÷ 2	48 ÷ 12
B	40 ÷ 5	48 ÷ 8	20 ÷ 5	60 ÷ 5	7 ÷ 1	36 ÷ 12
C	99 ÷ 9	54 ÷ 6	77 ÷ 7	30 ÷ 5	4 ÷ 4	100 ÷ 10
D	7 ÷ 7	15 ÷ 3	7 ÷ 7	50 ÷ 10	33 ÷ 11	36 ÷ 4
E	12 ÷ 3	16 ÷ 8	6 ÷ 1	12 ÷ 3	144 ÷ 12	11 ÷ 1
F	18 ÷ 9	10 ÷ 5	50 ÷ 10	24 ÷ 3	24 ÷ 6	24 ÷ 8
G	24 ÷ 6	42 ÷ 6	108 ÷ 12	80 ÷ 10	4 ÷ 1	24 ÷ 8
H	36 ÷ 3	40 ÷ 5	33 ÷ 11	70 ÷ 7	1 ÷ 1	30 ÷ 5
I	9 ÷ 3	90 ÷ 9	121 ÷ 11	99 ÷ 9	10 ÷ 2	36 ÷ 4
J	12 ÷ 4	45 ÷ 5	100 ÷ 10	90 ÷ 10	18 ÷ 9	66 ÷ 6

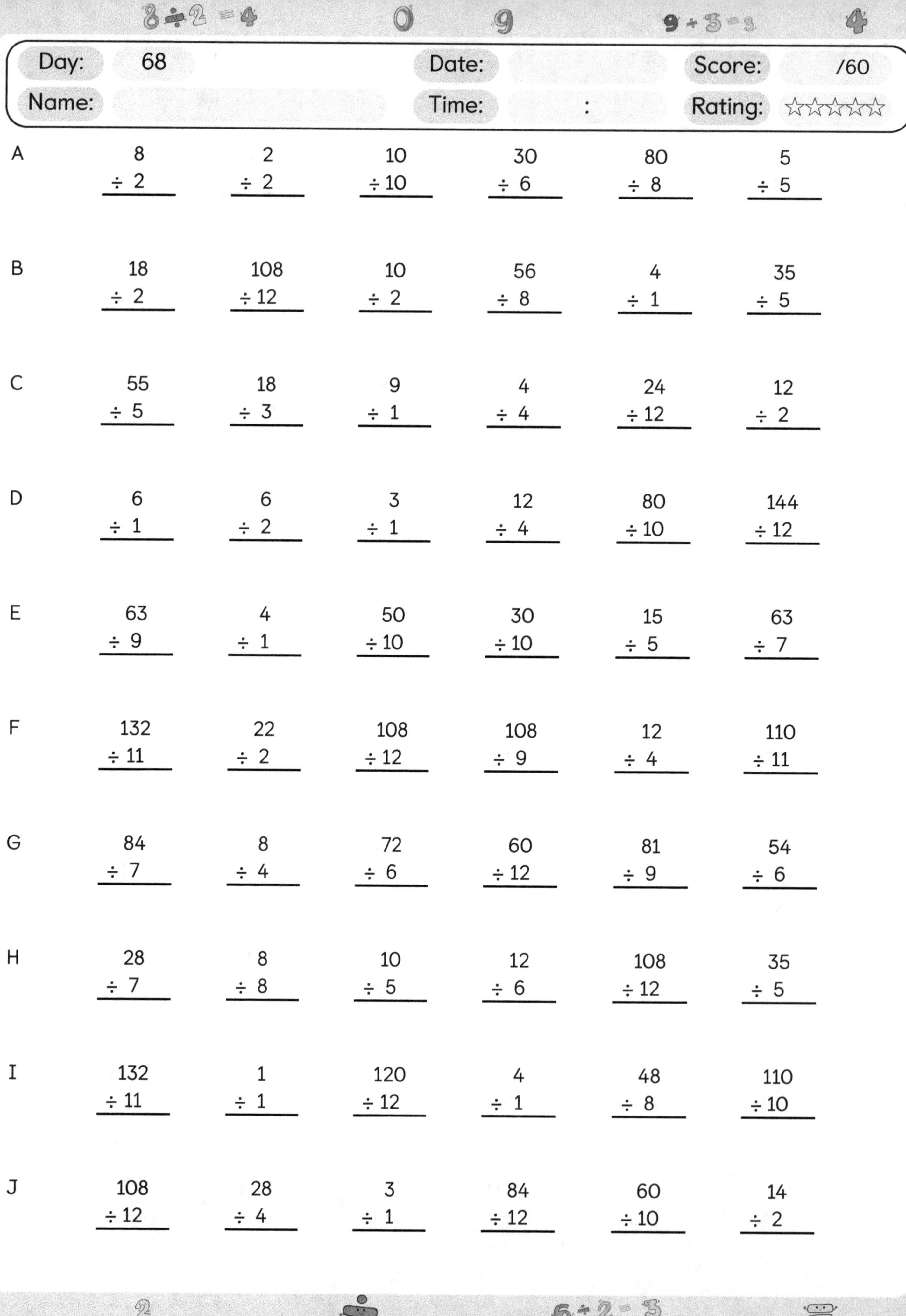

Day: 68   Date: Score: /60
Name: Time: :   Rating: ☆☆☆☆☆☆

A   8   2   10   30   80   5
     ÷ 2   ÷ 2   ÷ 10   ÷ 6   ÷ 8   ÷ 5

B   18   108   10   56   4   35
     ÷ 2   ÷ 12   ÷ 2   ÷ 8   ÷ 1   ÷ 5

C   55   18   9   4   24   12
     ÷ 5   ÷ 3   ÷ 1   ÷ 4   ÷ 12   ÷ 2

D   6   6   3   12   80   144
     ÷ 1   ÷ 2   ÷ 1   ÷ 4   ÷ 10   ÷ 12

E   63   4   50   30   15   63
     ÷ 9   ÷ 1   ÷ 10   ÷ 10   ÷ 5   ÷ 7

F   132   22   108   108   12   110
     ÷ 11   ÷ 2   ÷ 12   ÷ 9   ÷ 4   ÷ 11

G   84   8   72   60   81   54
     ÷ 7   ÷ 4   ÷ 6   ÷ 12   ÷ 9   ÷ 6

H   28   8   10   12   108   35
     ÷ 7   ÷ 8   ÷ 5   ÷ 6   ÷ 12   ÷ 5

I   132   1   120   4   48   110
     ÷ 11   ÷ 1   ÷ 12   ÷ 1   ÷ 8   ÷ 10

J   108   28   3   84   60   14
     ÷ 12   ÷ 4   ÷ 1   ÷ 12   ÷ 10   ÷ 2

<table>
<tr><td>Day:</td><td>69</td><td>Date:</td><td></td><td>Score:</td><td>/60</td></tr>
<tr><td>Name:</td><td></td><td>Time:</td><td>:</td><td>Rating:</td><td>☆☆☆☆☆☆</td></tr>
</table>

A	44 ÷ 4	33 ÷ 11	120 ÷ 10	56 ÷ 8	42 ÷ 7	14 ÷ 2
B	80 ÷ 8	36 ÷ 9	8 ÷ 8	12 ÷ 2	32 ÷ 4	27 ÷ 3
C	27 ÷ 9	121 ÷ 11	44 ÷ 11	60 ÷ 5	15 ÷ 3	5 ÷ 1
D	9 ÷ 3	54 ÷ 9	35 ÷ 5	27 ÷ 3	88 ÷ 11	40 ÷ 8
E	120 ÷ 10	12 ÷ 12	5 ÷ 1	7 ÷ 1	20 ÷ 2	35 ÷ 5
F	18 ÷ 3	63 ÷ 9	5 ÷ 1	72 ÷ 9	12 ÷ 6	30 ÷ 6
G	12 ÷ 6	30 ÷ 6	88 ÷ 11	2 ÷ 2	5 ÷ 1	60 ÷ 10
H	81 ÷ 9	36 ÷ 6	10 ÷ 10	24 ÷ 4	33 ÷ 3	18 ÷ 6
I	100 ÷ 10	84 ÷ 12	12 ÷ 12	4 ÷ 4	8 ÷ 8	60 ÷ 10
J	25 ÷ 5	12 ÷ 6	14 ÷ 2	6 ÷ 1	12 ÷ 1	60 ÷ 6

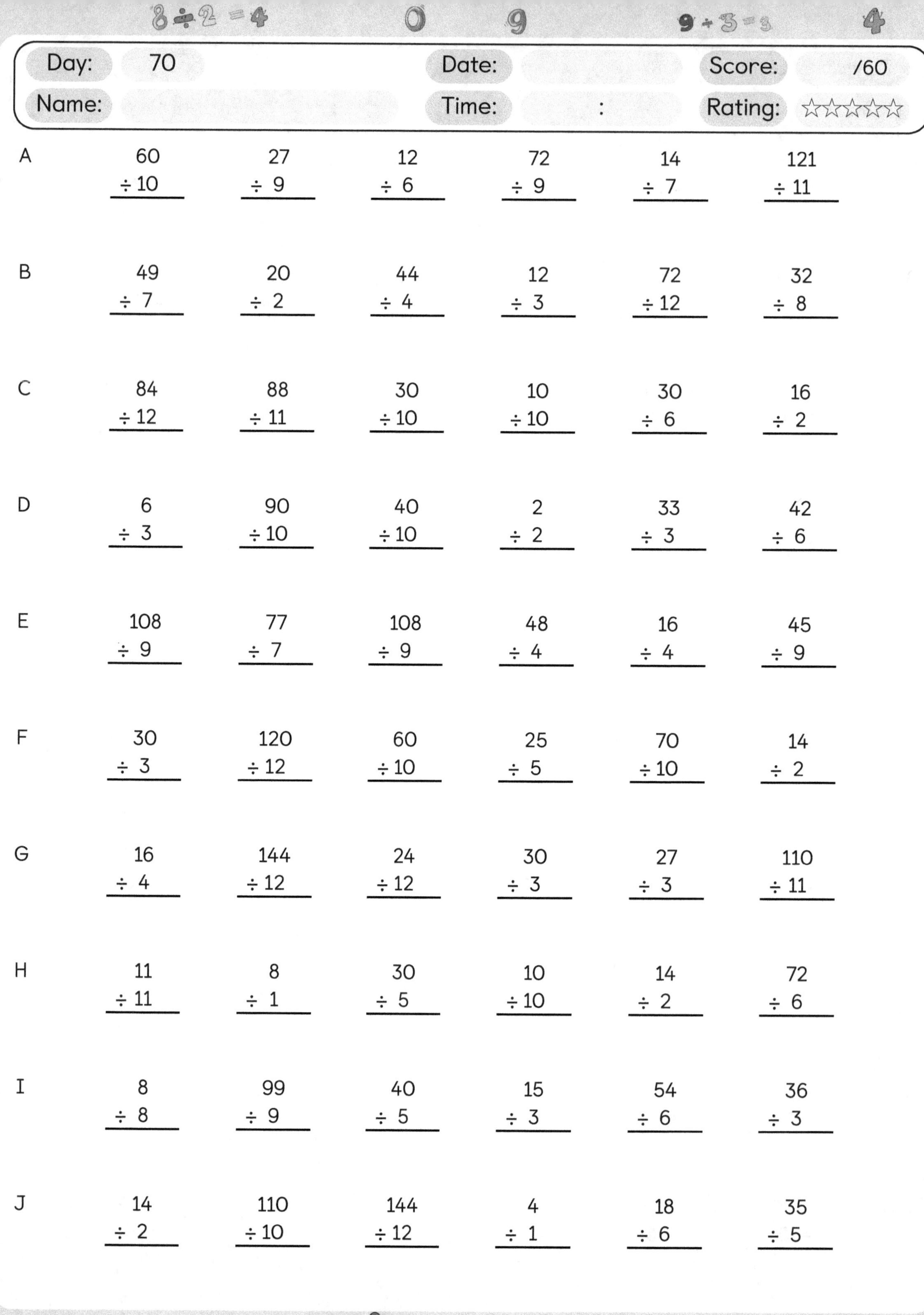

A	60 ÷ 10	27 ÷ 9	12 ÷ 6	72 ÷ 9	14 ÷ 7	121 ÷ 11
B	49 ÷ 7	20 ÷ 2	44 ÷ 4	12 ÷ 3	72 ÷ 12	32 ÷ 8
C	84 ÷ 12	88 ÷ 11	30 ÷ 10	10 ÷ 10	30 ÷ 6	16 ÷ 2
D	6 ÷ 3	90 ÷ 10	40 ÷ 10	2 ÷ 2	33 ÷ 3	42 ÷ 6
E	108 ÷ 9	77 ÷ 7	108 ÷ 9	48 ÷ 4	16 ÷ 4	45 ÷ 9
F	30 ÷ 3	120 ÷ 12	60 ÷ 10	25 ÷ 5	70 ÷ 10	14 ÷ 2
G	16 ÷ 4	144 ÷ 12	24 ÷ 12	30 ÷ 3	27 ÷ 3	110 ÷ 11
H	11 ÷ 11	8 ÷ 1	30 ÷ 5	10 ÷ 10	14 ÷ 2	72 ÷ 6
I	8 ÷ 8	99 ÷ 9	40 ÷ 5	15 ÷ 3	54 ÷ 6	36 ÷ 3
J	14 ÷ 2	110 ÷ 10	144 ÷ 12	4 ÷ 1	18 ÷ 6	35 ÷ 5

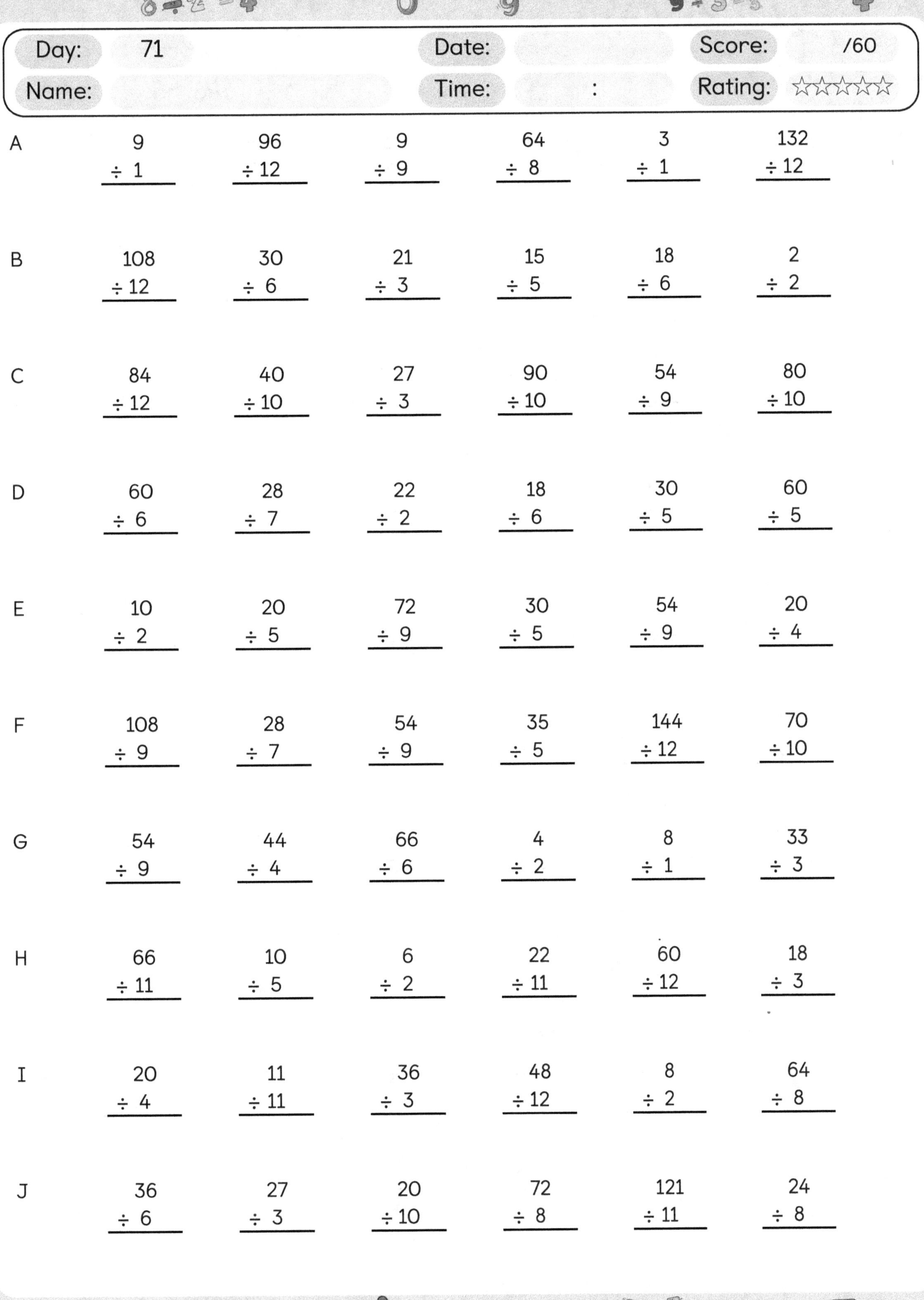

A	$9 \div 1$	$96 \div 12$	$9 \div 9$	$64 \div 8$	$3 \div 1$	$132 \div 12$
B	$108 \div 12$	$30 \div 6$	$21 \div 3$	$15 \div 5$	$18 \div 6$	$2 \div 2$
C	$84 \div 12$	$40 \div 10$	$27 \div 3$	$90 \div 10$	$54 \div 9$	$80 \div 10$
D	$60 \div 6$	$28 \div 7$	$22 \div 2$	$18 \div 6$	$30 \div 5$	$60 \div 5$
E	$10 \div 2$	$20 \div 5$	$72 \div 9$	$30 \div 5$	$54 \div 9$	$20 \div 4$
F	$108 \div 9$	$28 \div 7$	$54 \div 9$	$35 \div 5$	$144 \div 12$	$70 \div 10$
G	$54 \div 9$	$44 \div 4$	$66 \div 6$	$4 \div 2$	$8 \div 1$	$33 \div 3$
H	$66 \div 11$	$10 \div 5$	$6 \div 2$	$22 \div 11$	$60 \div 12$	$18 \div 3$
I	$20 \div 4$	$11 \div 11$	$36 \div 3$	$48 \div 12$	$8 \div 2$	$64 \div 8$
J	$36 \div 6$	$27 \div 3$	$20 \div 10$	$72 \div 8$	$121 \div 11$	$24 \div 8$

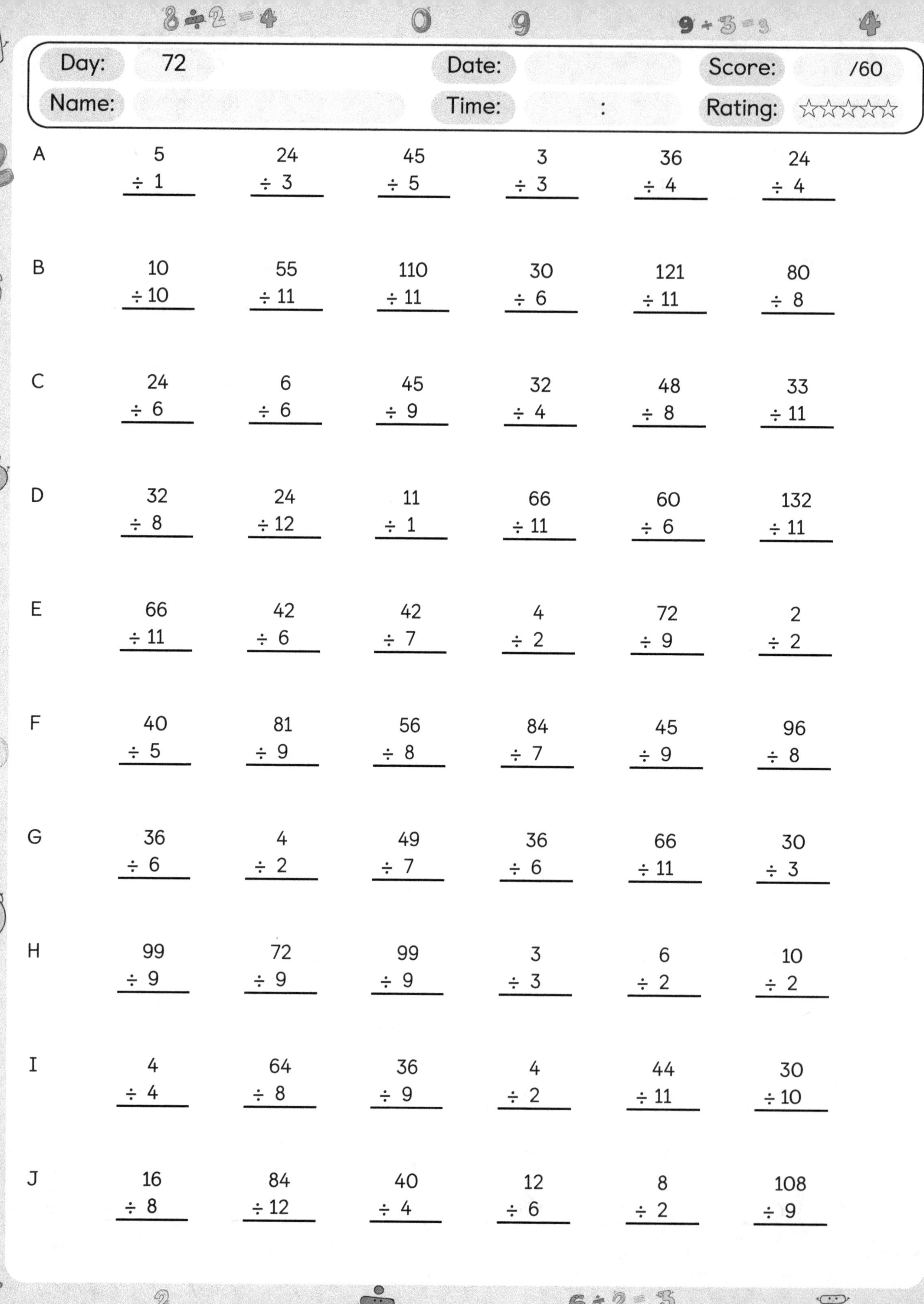

| Day: | 72 | | Date: | | Score: | /60 |
| Name: | | | Time: | : | Rating: | ☆☆☆☆☆☆ |

A

| 5 ÷ 1 | 24 ÷ 3 | 45 ÷ 5 | 3 ÷ 3 | 36 ÷ 4 | 24 ÷ 4 |

B

| 10 ÷ 10 | 55 ÷ 11 | 110 ÷ 11 | 30 ÷ 6 | 121 ÷ 11 | 80 ÷ 8 |

C

| 24 ÷ 6 | 6 ÷ 6 | 45 ÷ 9 | 32 ÷ 4 | 48 ÷ 8 | 33 ÷ 11 |

D

| 32 ÷ 8 | 24 ÷ 12 | 11 ÷ 1 | 66 ÷ 11 | 60 ÷ 6 | 132 ÷ 11 |

E

| 66 ÷ 11 | 42 ÷ 6 | 42 ÷ 7 | 4 ÷ 2 | 72 ÷ 9 | 2 ÷ 2 |

F

| 40 ÷ 5 | 81 ÷ 9 | 56 ÷ 8 | 84 ÷ 7 | 45 ÷ 9 | 96 ÷ 8 |

G

| 36 ÷ 6 | 4 ÷ 2 | 49 ÷ 7 | 36 ÷ 6 | 66 ÷ 11 | 30 ÷ 3 |

H

| 99 ÷ 9 | 72 ÷ 9 | 99 ÷ 9 | 3 ÷ 3 | 6 ÷ 2 | 10 ÷ 2 |

I

| 4 ÷ 4 | 64 ÷ 8 | 36 ÷ 9 | 4 ÷ 2 | 44 ÷ 11 | 30 ÷ 10 |

J

| 16 ÷ 8 | 84 ÷ 12 | 40 ÷ 4 | 12 ÷ 6 | 8 ÷ 2 | 108 ÷ 9 |

A	55 ÷ 11	11 ÷ 11	36 ÷ 6	10 ÷ 2	24 ÷ 12	15 ÷ 5
B	50 ÷ 5	24 ÷ 4	72 ÷ 9	5 ÷ 1	6 ÷ 6	44 ÷ 4
C	28 ÷ 4	88 ÷ 8	3 ÷ 1	63 ÷ 9	12 ÷ 1	11 ÷ 1
D	18 ÷ 6	24 ÷ 8	54 ÷ 6	70 ÷ 10	70 ÷ 7	81 ÷ 9
E	14 ÷ 2	121 ÷ 11	5 ÷ 5	7 ÷ 7	14 ÷ 7	48 ÷ 6
F	21 ÷ 3	8 ÷ 8	60 ÷ 5	70 ÷ 10	6 ÷ 2	42 ÷ 7
G	33 ÷ 3	4 ÷ 4	40 ÷ 8	110 ÷ 11	70 ÷ 7	8 ÷ 2
H	32 ÷ 8	4 ÷ 2	22 ÷ 11	22 ÷ 2	12 ÷ 12	48 ÷ 6
I	27 ÷ 9	18 ÷ 9	60 ÷ 6	12 ÷ 6	28 ÷ 4	7 ÷ 7
J	54 ÷ 6	54 ÷ 9	100 ÷ 10	40 ÷ 5	1 ÷ 1	6 ÷ 1

A

| $5 \div 1$ | $32 \div 4$ | $9 \div 3$ | $28 \div 4$ | $48 \div 6$ | $40 \div 4$ |

B

| $20 \div 4$ | $21 \div 7$ | $108 \div 12$ | $27 \div 9$ | $132 \div 12$ | $22 \div 2$ |

C

| $32 \div 8$ | $6 \div 6$ | $110 \div 11$ | $96 \div 12$ | $99 \div 9$ | $80 \div 8$ |

D

| $30 \div 6$ | $42 \div 6$ | $7 \div 7$ | $8 \div 2$ | $44 \div 4$ | $6 \div 3$ |

E

| $35 \div 7$ | $21 \div 7$ | $90 \div 9$ | $12 \div 4$ | $7 \div 1$ | $77 \div 11$ |

F

| $132 \div 11$ | $18 \div 9$ | $2 \div 1$ | $24 \div 6$ | $96 \div 12$ | $1 \div 1$ |

G

| $120 \div 10$ | $70 \div 10$ | $60 \div 6$ | $6 \div 6$ | $11 \div 1$ | $70 \div 10$ |

H

| $12 \div 1$ | $108 \div 9$ | $99 \div 9$ | $66 \div 11$ | $18 \div 9$ | $24 \div 12$ |

I

| $6 \div 2$ | $88 \div 8$ | $72 \div 9$ | $110 \div 11$ | $88 \div 11$ | $72 \div 8$ |

J

| $50 \div 10$ | $6 \div 6$ | $20 \div 4$ | $54 \div 9$ | $7 \div 7$ | $24 \div 2$ |

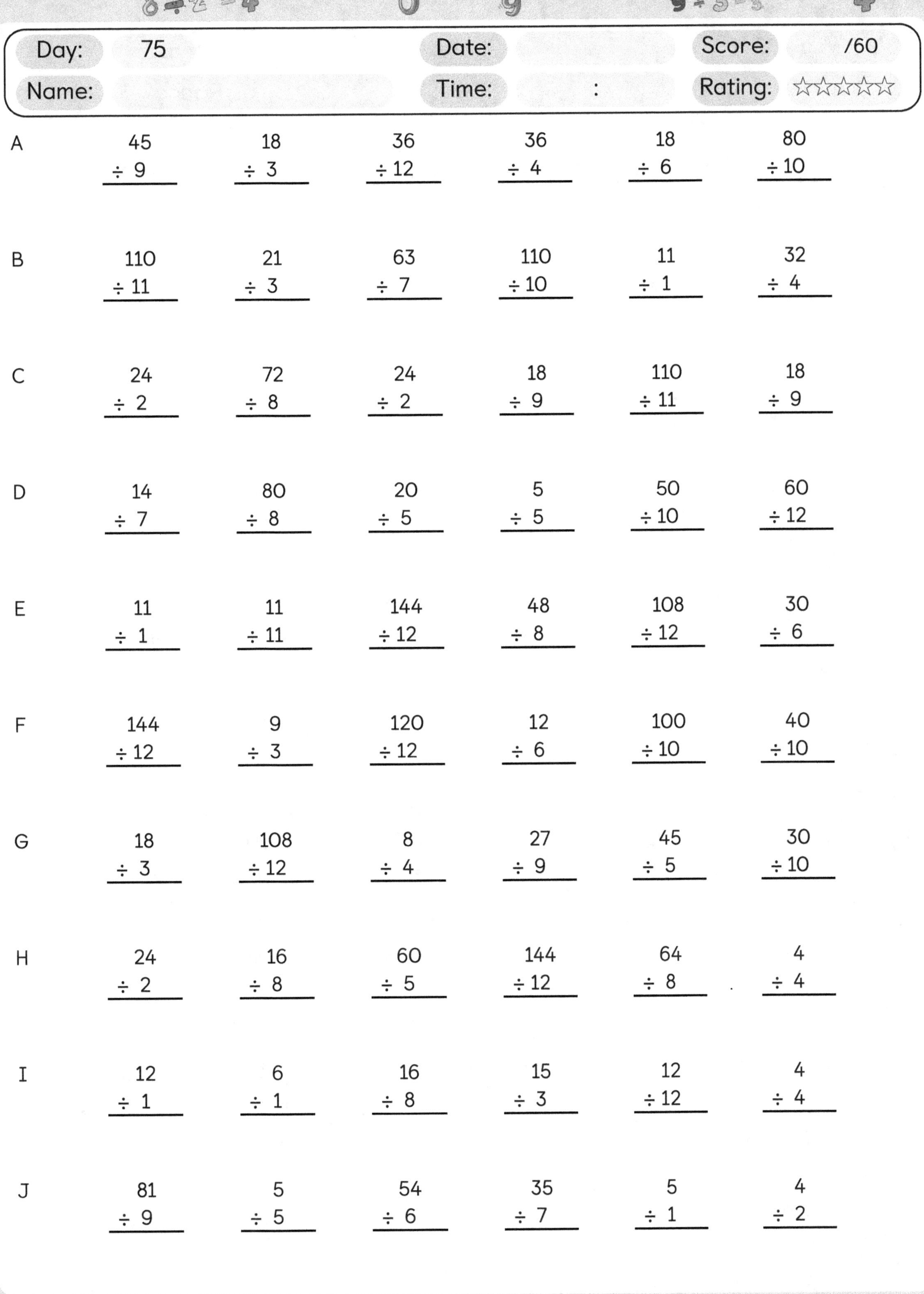

Day: 75   Date: Score: /60
Name: Time: :   Rating: ☆☆☆☆☆☆

A
45 ÷ 9   18 ÷ 3   36 ÷ 12   36 ÷ 4   18 ÷ 6   80 ÷ 10

B
110 ÷ 11   21 ÷ 3   63 ÷ 7   110 ÷ 10   11 ÷ 1   32 ÷ 4

C
24 ÷ 2   72 ÷ 8   24 ÷ 2   18 ÷ 9   110 ÷ 11   18 ÷ 9

D
14 ÷ 7   80 ÷ 8   20 ÷ 5   5 ÷ 5   50 ÷ 10   60 ÷ 12

E
11 ÷ 1   11 ÷ 11   144 ÷ 12   48 ÷ 8   108 ÷ 12   30 ÷ 6

F
144 ÷ 12   9 ÷ 3   120 ÷ 12   12 ÷ 6   100 ÷ 10   40 ÷ 10

G
18 ÷ 3   108 ÷ 12   8 ÷ 4   27 ÷ 9   45 ÷ 5   30 ÷ 10

H
24 ÷ 2   16 ÷ 8   60 ÷ 5   144 ÷ 12   64 ÷ 8   4 ÷ 4

I
12 ÷ 1   6 ÷ 1   16 ÷ 8   15 ÷ 3   12 ÷ 12   4 ÷ 4

J
81 ÷ 9   5 ÷ 5   54 ÷ 6   35 ÷ 7   5 ÷ 1   4 ÷ 2

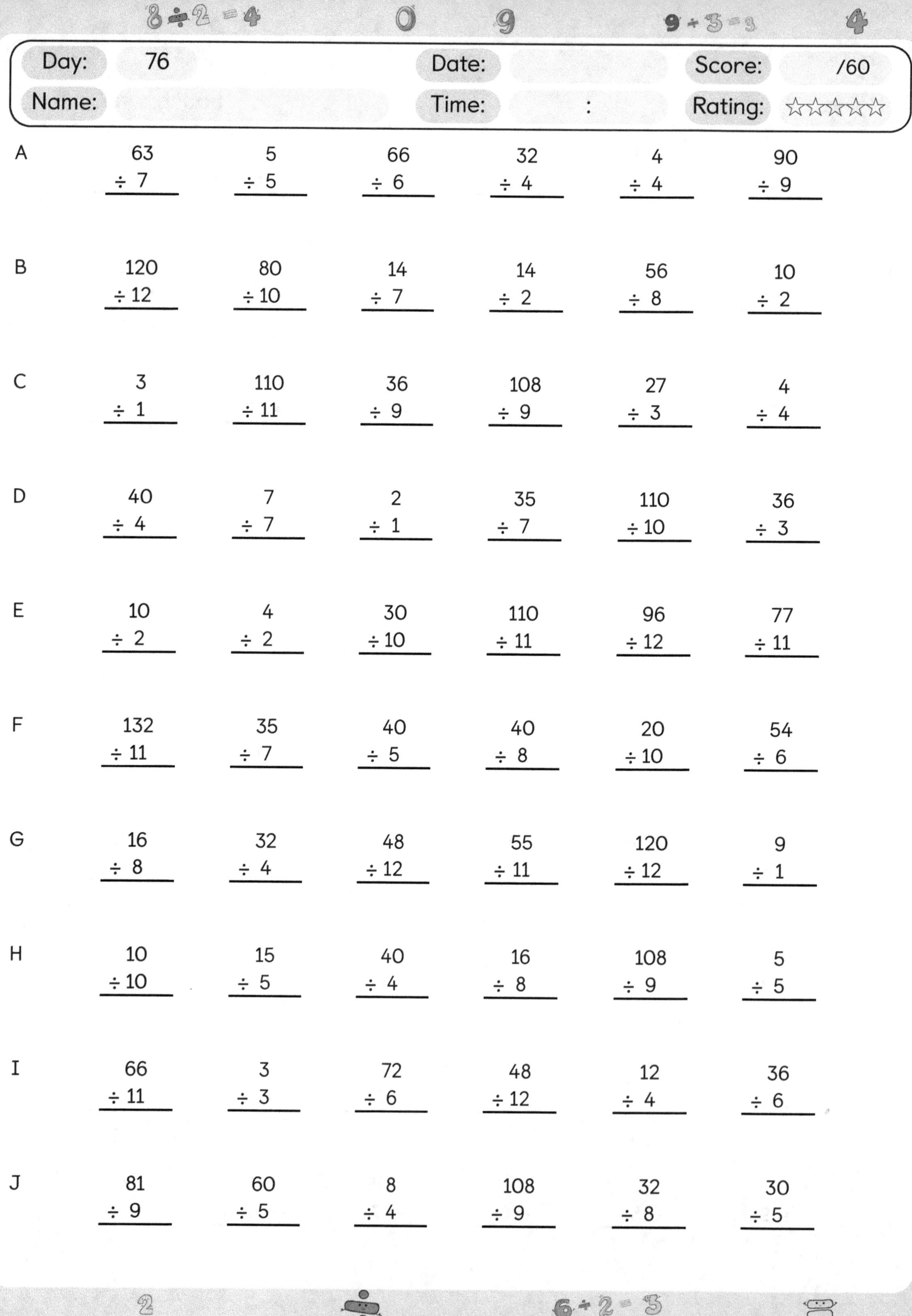

A	63 ÷ 7	5 ÷ 5	66 ÷ 6	32 ÷ 4	4 ÷ 4	90 ÷ 9
B	120 ÷ 12	80 ÷ 10	14 ÷ 7	14 ÷ 2	56 ÷ 8	10 ÷ 2
C	3 ÷ 1	110 ÷ 11	36 ÷ 9	108 ÷ 9	27 ÷ 3	4 ÷ 4
D	40 ÷ 4	7 ÷ 7	2 ÷ 1	35 ÷ 7	110 ÷ 10	36 ÷ 3
E	10 ÷ 2	4 ÷ 2	30 ÷ 10	110 ÷ 11	96 ÷ 12	77 ÷ 11
F	132 ÷ 11	35 ÷ 7	40 ÷ 5	40 ÷ 8	20 ÷ 10	54 ÷ 6
G	16 ÷ 8	32 ÷ 4	48 ÷ 12	55 ÷ 11	120 ÷ 12	9 ÷ 1
H	10 ÷ 10	15 ÷ 5	40 ÷ 4	16 ÷ 8	108 ÷ 9	5 ÷ 5
I	66 ÷ 11	3 ÷ 3	72 ÷ 6	48 ÷ 12	12 ÷ 4	36 ÷ 6
J	81 ÷ 9	60 ÷ 5	8 ÷ 4	108 ÷ 9	32 ÷ 8	30 ÷ 5

A	27 ÷ 3	60 ÷ 10	36 ÷ 3	22 ÷ 11	44 ÷ 11	96 ÷ 12
B	24 ÷ 12	11 ÷ 1	56 ÷ 8	30 ÷ 3	11 ÷ 1	2 ÷ 1
C	48 ÷ 6	54 ÷ 6	18 ÷ 2	11 ÷ 11	20 ÷ 5	84 ÷ 7
D	16 ÷ 2	99 ÷ 11	48 ÷ 12	22 ÷ 11	132 ÷ 12	132 ÷ 11
E	36 ÷ 9	36 ÷ 3	20 ÷ 4	45 ÷ 5	12 ÷ 2	14 ÷ 7
F	20 ÷ 5	44 ÷ 4	40 ÷ 4	96 ÷ 12	90 ÷ 9	30 ÷ 6
G	66 ÷ 11	27 ÷ 9	16 ÷ 8	45 ÷ 5	60 ÷ 6	56 ÷ 8
H	36 ÷ 4	81 ÷ 9	1 ÷ 1	44 ÷ 11	6 ÷ 2	4 ÷ 1
I	6 ÷ 6	99 ÷ 11	24 ÷ 3	24 ÷ 12	84 ÷ 7	33 ÷ 3
J	9 ÷ 1	49 ÷ 7	77 ÷ 7	80 ÷ 10	90 ÷ 10	70 ÷ 7

A

| $2 \div 2$ | $28 \div 7$ | $24 \div 6$ | $28 \div 7$ | $66 \div 11$ | $6 \div 3$ |

B

| $20 \div 2$ | $3 \div 1$ | $60 \div 10$ | $28 \div 4$ | $8 \div 4$ | $56 \div 7$ |

C

| $8 \div 8$ | $56 \div 7$ | $45 \div 5$ | $28 \div 4$ | $48 \div 6$ | $64 \div 8$ |

D

| $81 \div 9$ | $36 \div 9$ | $21 \div 3$ | $50 \div 10$ | $16 \div 8$ | $49 \div 7$ |

E

| $32 \div 4$ | $22 \div 2$ | $121 \div 11$ | $63 \div 7$ | $121 \div 11$ | $36 \div 4$ |

F

| $18 \div 6$ | $33 \div 3$ | $60 \div 12$ | $108 \div 9$ | $72 \div 12$ | $25 \div 5$ |

G

| $132 \div 12$ | $108 \div 9$ | $72 \div 12$ | $60 \div 12$ | $60 \div 6$ | $49 \div 7$ |

H

| $11 \div 1$ | $9 \div 9$ | $18 \div 6$ | $60 \div 5$ | $27 \div 9$ | $24 \div 2$ |

I

| $15 \div 5$ | $110 \div 10$ | $11 \div 1$ | $5 \div 1$ | $24 \div 6$ | $20 \div 5$ |

J

| $40 \div 5$ | $99 \div 9$ | $10 \div 10$ | $40 \div 8$ | $42 \div 7$ | $25 \div 5$ |

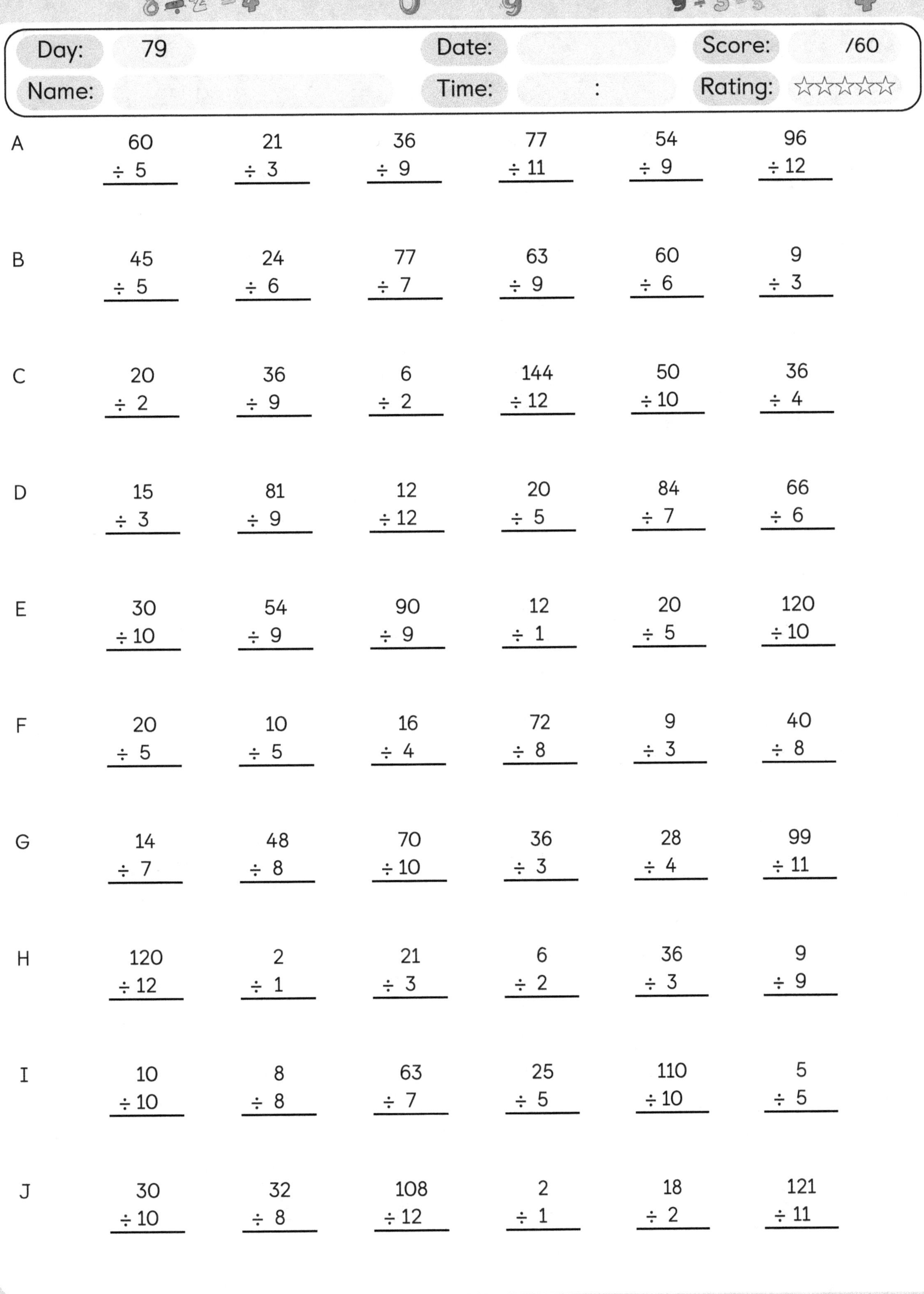

Day: 79   Date: Score: /60
Name: Time: :   Rating: ☆☆☆☆☆☆

A
60 ÷ 5
21 ÷ 3
36 ÷ 9
77 ÷ 11
54 ÷ 9
96 ÷ 12

B
45 ÷ 5
24 ÷ 6
77 ÷ 7
63 ÷ 9
60 ÷ 6
9 ÷ 3

C
20 ÷ 2
36 ÷ 9
6 ÷ 2
144 ÷ 12
50 ÷ 10
36 ÷ 4

D
15 ÷ 3
81 ÷ 9
12 ÷ 12
20 ÷ 5
84 ÷ 7
66 ÷ 6

E
30 ÷ 10
54 ÷ 9
90 ÷ 9
12 ÷ 1
20 ÷ 5
120 ÷ 10

F
20 ÷ 5
10 ÷ 5
16 ÷ 4
72 ÷ 8
9 ÷ 3
40 ÷ 8

G
14 ÷ 7
48 ÷ 8
70 ÷ 10
36 ÷ 3
28 ÷ 4
99 ÷ 11

H
120 ÷ 12
2 ÷ 1
21 ÷ 3
6 ÷ 2
36 ÷ 3
9 ÷ 9

I
10 ÷ 10
8 ÷ 8
63 ÷ 7
25 ÷ 5
110 ÷ 10
5 ÷ 5

J
30 ÷ 10
32 ÷ 8
108 ÷ 12
2 ÷ 1
18 ÷ 2
121 ÷ 11

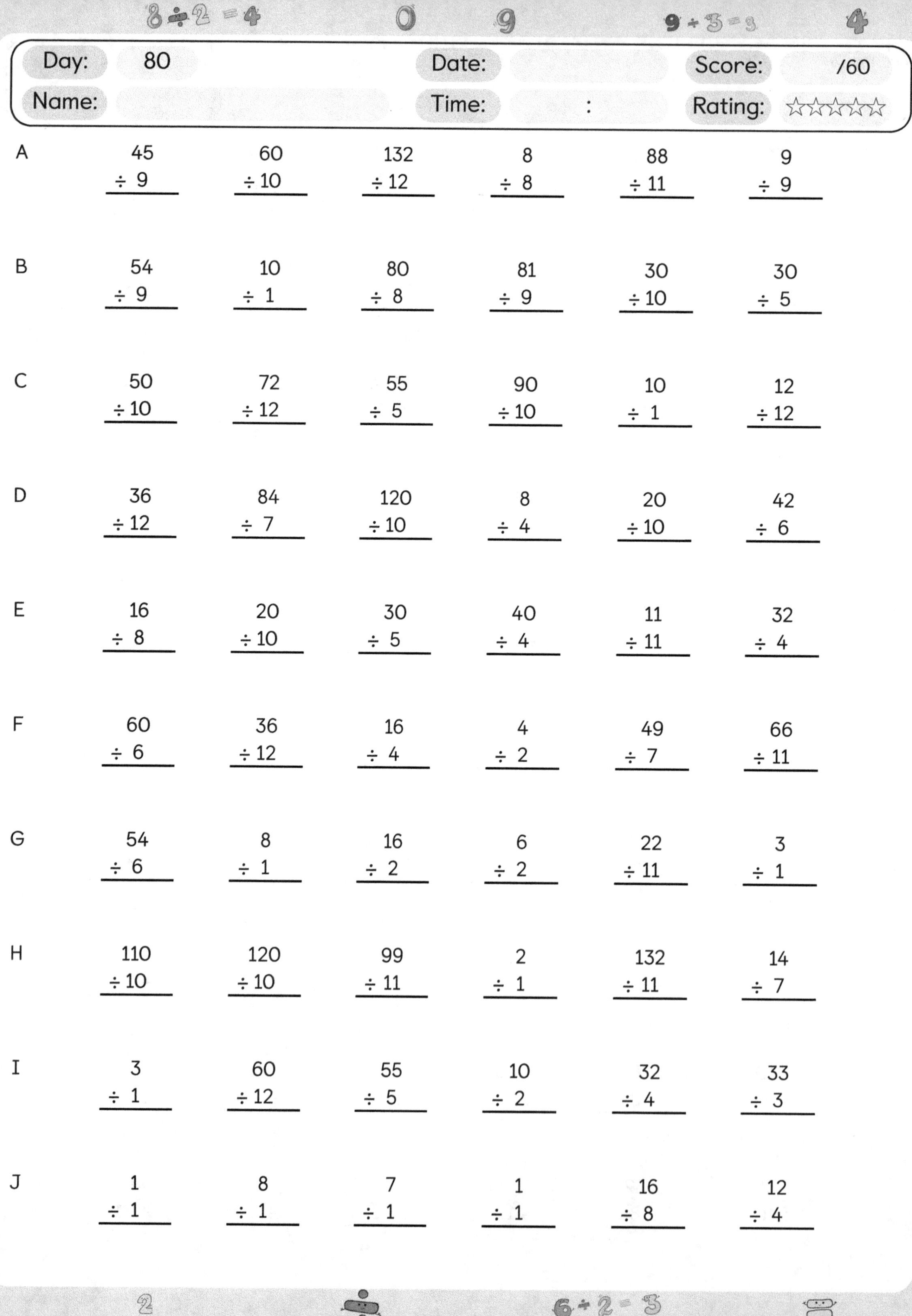

A	45 ÷ 9	60 ÷ 10	132 ÷ 12	8 ÷ 8	88 ÷ 11	9 ÷ 9
B	54 ÷ 9	10 ÷ 1	80 ÷ 8	81 ÷ 9	30 ÷ 10	30 ÷ 5
C	50 ÷ 10	72 ÷ 12	55 ÷ 5	90 ÷ 10	10 ÷ 1	12 ÷ 12
D	36 ÷ 12	84 ÷ 7	120 ÷ 10	8 ÷ 4	20 ÷ 10	42 ÷ 6
E	16 ÷ 8	20 ÷ 10	30 ÷ 5	40 ÷ 4	11 ÷ 11	32 ÷ 4
F	60 ÷ 6	36 ÷ 12	16 ÷ 4	4 ÷ 2	49 ÷ 7	66 ÷ 11
G	54 ÷ 6	8 ÷ 1	16 ÷ 2	6 ÷ 2	22 ÷ 11	3 ÷ 1
H	110 ÷ 10	120 ÷ 10	99 ÷ 11	2 ÷ 1	132 ÷ 11	14 ÷ 7
I	3 ÷ 1	60 ÷ 12	55 ÷ 5	10 ÷ 2	32 ÷ 4	33 ÷ 3
J	1 ÷ 1	8 ÷ 1	7 ÷ 1	1 ÷ 1	16 ÷ 8	12 ÷ 4

<table>
<tr><td>Day:</td><td>81</td><td>Date:</td><td></td><td>Score:</td><td>/60</td></tr>
<tr><td>Name:</td><td></td><td>Time:</td><td>:</td><td>Rating:</td><td>☆☆☆☆☆☆</td></tr>
</table>

A	$35 \div 5$	$12 \div 3$	$60 \div 6$	$6 \div 1$	$48 \div 6$	$24 \div 4$
B	$30 \div 3$	$8 \div 2$	$27 \div 3$	$12 \div 1$	$25 \div 5$	$80 \div 8$
C	$66 \div 11$	$80 \div 8$	$30 \div 6$	$72 \div 6$	$42 \div 6$	$96 \div 12$
D	$15 \div 5$	$144 \div 12$	$7 \div 1$	$8 \div 4$	$36 \div 6$	$55 \div 11$
E	$12 \div 2$	$121 \div 11$	$84 \div 7$	$24 \div 4$	$32 \div 8$	$60 \div 6$
F	$35 \div 7$	$45 \div 9$	$40 \div 8$	$1 \div 1$	$33 \div 11$	$77 \div 11$
G	$15 \div 3$	$50 \div 10$	$110 \div 10$	$30 \div 6$	$72 \div 8$	$55 \div 11$
H	$77 \div 11$	$72 \div 8$	$24 \div 8$	$6 \div 2$	$80 \div 10$	$4 \div 4$
I	$7 \div 7$	$84 \div 7$	$8 \div 2$	$5 \div 1$	$90 \div 9$	$28 \div 7$
J	$11 \div 11$	$6 \div 3$	$80 \div 10$	$12 \div 1$	$20 \div 2$	$36 \div 6$

<table>
<tr><td>Day:</td><td>82</td><td>Date:</td><td></td><td>Score:</td><td>/60</td></tr>
<tr><td>Name:</td><td></td><td>Time:</td><td>:</td><td>Rating:</td><td>☆☆☆☆☆☆</td></tr>
</table>

A

| $14 \div 7$ | $40 \div 8$ | $6 \div 6$ | $12 \div 4$ | $6 \div 1$ | $18 \div 2$ |

B

| $28 \div 7$ | $132 \div 12$ | $99 \div 9$ | $40 \div 10$ | $77 \div 7$ | $2 \div 2$ |

C

| $8 \div 8$ | $56 \div 7$ | $121 \div 11$ | $72 \div 9$ | $10 \div 1$ | $110 \div 10$ |

D

| $30 \div 10$ | $60 \div 6$ | $25 \div 5$ | $10 \div 10$ | $9 \div 9$ | $99 \div 11$ |

E

| $10 \div 1$ | $16 \div 2$ | $6 \div 3$ | $50 \div 10$ | $5 \div 5$ | $9 \div 3$ |

F

| $6 \div 6$ | $33 \div 11$ | $14 \div 2$ | $12 \div 4$ | $6 \div 1$ | $6 \div 6$ |

G

| $14 \div 7$ | $15 \div 5$ | $64 \div 8$ | $8 \div 4$ | $60 \div 10$ | $80 \div 10$ |

H

| $32 \div 8$ | $40 \div 8$ | $7 \div 1$ | $18 \div 3$ | $12 \div 4$ | $28 \div 7$ |

I

| $36 \div 12$ | $48 \div 6$ | $33 \div 3$ | $48 \div 4$ | $36 \div 12$ | $84 \div 12$ |

J

| $10 \div 1$ | $42 \div 7$ | $33 \div 3$ | $56 \div 7$ | $30 \div 3$ | $5 \div 5$ |

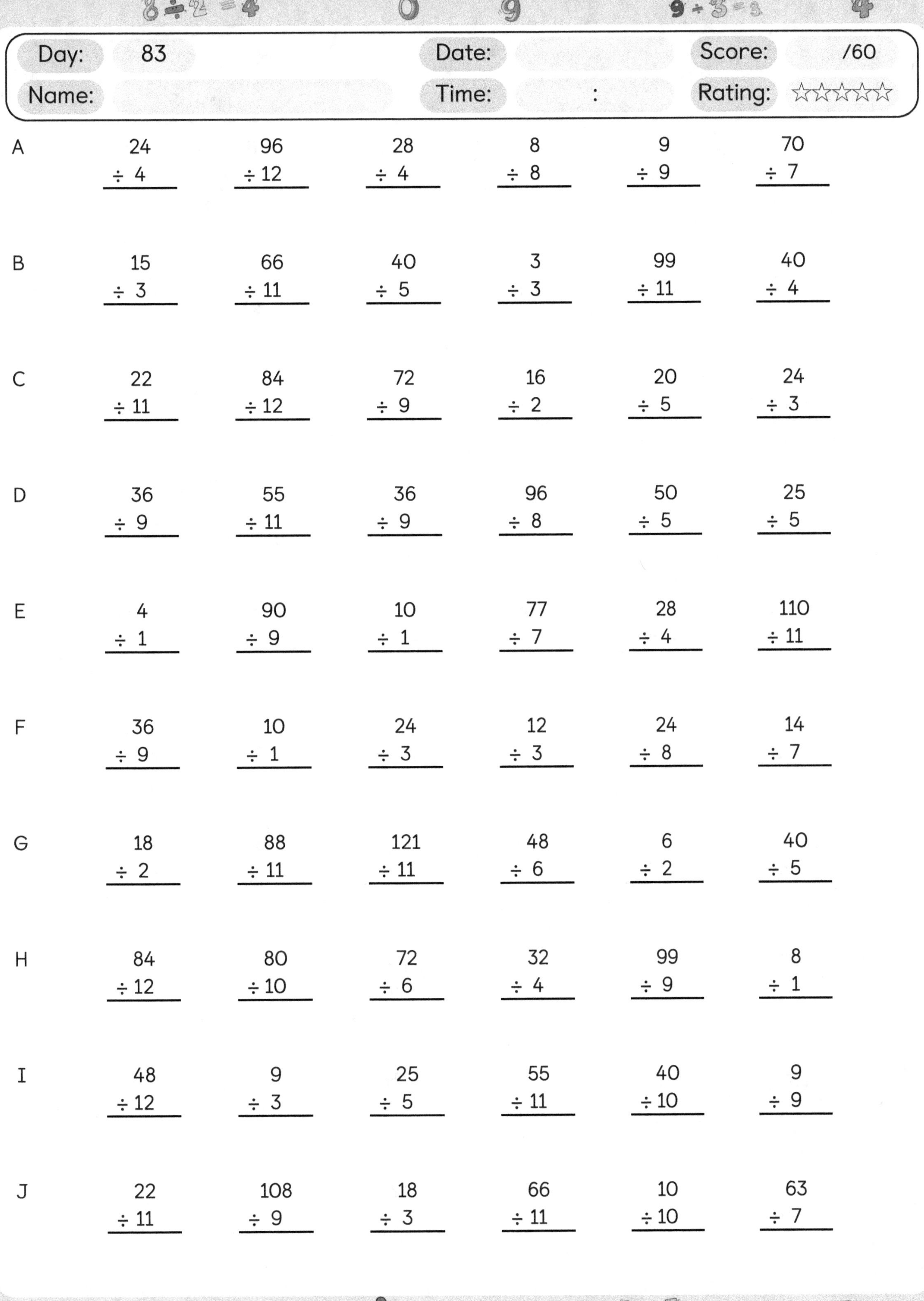

Day: 83   Date: Score: /60
Name: Time: :   Rating: ☆☆☆☆☆

A   24 ÷ 4   96 ÷ 12   28 ÷ 4   8 ÷ 8   9 ÷ 9   70 ÷ 7

B   15 ÷ 3   66 ÷ 11   40 ÷ 5   3 ÷ 3   99 ÷ 11   40 ÷ 4

C   22 ÷ 11   84 ÷ 12   72 ÷ 9   16 ÷ 2   20 ÷ 5   24 ÷ 3

D   36 ÷ 9   55 ÷ 11   36 ÷ 9   96 ÷ 8   50 ÷ 5   25 ÷ 5

E   4 ÷ 1   90 ÷ 9   10 ÷ 1   77 ÷ 7   28 ÷ 4   110 ÷ 11

F   36 ÷ 9   10 ÷ 1   24 ÷ 3   12 ÷ 3   24 ÷ 8   14 ÷ 7

G   18 ÷ 2   88 ÷ 11   121 ÷ 11   48 ÷ 6   6 ÷ 2   40 ÷ 5

H   84 ÷ 12   80 ÷ 10   72 ÷ 6   32 ÷ 4   99 ÷ 9   8 ÷ 1

I   48 ÷ 12   9 ÷ 3   25 ÷ 5   55 ÷ 11   40 ÷ 10   9 ÷ 9

J   22 ÷ 11   108 ÷ 9   18 ÷ 3   66 ÷ 11   10 ÷ 10   63 ÷ 7

	1	2	3	4	5	6
A	77 ÷ 7	12 ÷ 2	66 ÷ 11	18 ÷ 9	56 ÷ 7	120 ÷ 10
B	14 ÷ 7	12 ÷ 1	8 ÷ 1	42 ÷ 7	35 ÷ 5	20 ÷ 4
C	70 ÷ 7	24 ÷ 4	9 ÷ 3	90 ÷ 9	4 ÷ 2	33 ÷ 11
D	50 ÷ 5	4 ÷ 4	120 ÷ 10	4 ÷ 2	70 ÷ 10	77 ÷ 7
E	48 ÷ 4	6 ÷ 6	60 ÷ 10	27 ÷ 9	28 ÷ 7	60 ÷ 12
F	88 ÷ 8	70 ÷ 10	12 ÷ 2	60 ÷ 12	35 ÷ 5	8 ÷ 1
G	8 ÷ 4	6 ÷ 3	44 ÷ 4	6 ÷ 1	6 ÷ 2	110 ÷ 11
H	90 ÷ 10	60 ÷ 12	25 ÷ 5	8 ÷ 4	16 ÷ 4	35 ÷ 7
I	6 ÷ 1	12 ÷ 3	5 ÷ 1	33 ÷ 3	6 ÷ 3	25 ÷ 5
J	21 ÷ 7	55 ÷ 5	36 ÷ 12	120 ÷ 10	22 ÷ 2	72 ÷ 12

A	10 ÷ 1	4 ÷ 2	8 ÷ 4	25 ÷ 5	96 ÷ 8	32 ÷ 8
B	24 ÷ 3	8 ÷ 1	6 ÷ 2	5 ÷ 5	72 ÷ 12	16 ÷ 2
C	72 ÷ 6	42 ÷ 7	40 ÷ 5	3 ÷ 1	20 ÷ 10	44 ÷ 11
D	48 ÷ 6	10 ÷ 2	121 ÷ 11	40 ÷ 10	99 ÷ 11	16 ÷ 8
E	35 ÷ 7	40 ÷ 4	36 ÷ 6	84 ÷ 12	66 ÷ 11	28 ÷ 7
F	90 ÷ 10	36 ÷ 6	12 ÷ 12	16 ÷ 4	9 ÷ 3	16 ÷ 4
G	22 ÷ 11	33 ÷ 3	20 ÷ 10	55 ÷ 5	12 ÷ 1	16 ÷ 8
H	12 ÷ 12	15 ÷ 5	48 ÷ 12	24 ÷ 4	72 ÷ 9	33 ÷ 11
I	42 ÷ 6	84 ÷ 7	54 ÷ 9	18 ÷ 6	9 ÷ 9	48 ÷ 4
J	12 ÷ 3	11 ÷ 1	24 ÷ 12	50 ÷ 10	20 ÷ 2	120 ÷ 12

A

| 24 ÷ 6 | 55 ÷ 5 | 54 ÷ 9 | 60 ÷ 5 | 9 ÷ 1 | 24 ÷ 3 |

B

| 20 ÷ 5 | 72 ÷ 6 | 30 ÷ 3 | 44 ÷ 4 | 18 ÷ 2 | 36 ÷ 6 |

C

| 2 ÷ 1 | 11 ÷ 1 | 90 ÷ 9 | 8 ÷ 8 | 22 ÷ 2 | 44 ÷ 11 |

D

| 6 ÷ 1 | 36 ÷ 3 | 110 ÷ 10 | 18 ÷ 2 | 24 ÷ 4 | 50 ÷ 5 |

E

| 27 ÷ 3 | 77 ÷ 7 | 24 ÷ 3 | 2 ÷ 2 | 6 ÷ 6 | 5 ÷ 5 |

F

| 24 ÷ 12 | 132 ÷ 12 | 99 ÷ 11 | 20 ÷ 10 | 18 ÷ 3 | 72 ÷ 8 |

G

| 18 ÷ 3 | 60 ÷ 5 | 48 ÷ 4 | 5 ÷ 1 | 80 ÷ 10 | 54 ÷ 6 |

H

| 27 ÷ 3 | 72 ÷ 9 | 30 ÷ 6 | 21 ÷ 3 | 40 ÷ 10 | 12 ÷ 2 |

I

| 132 ÷ 11 | 8 ÷ 2 | 44 ÷ 11 | 42 ÷ 6 | 20 ÷ 4 | 77 ÷ 11 |

J

| 36 ÷ 4 | 20 ÷ 10 | 24 ÷ 8 | 4 ÷ 2 | 44 ÷ 11 | 7 ÷ 1 |

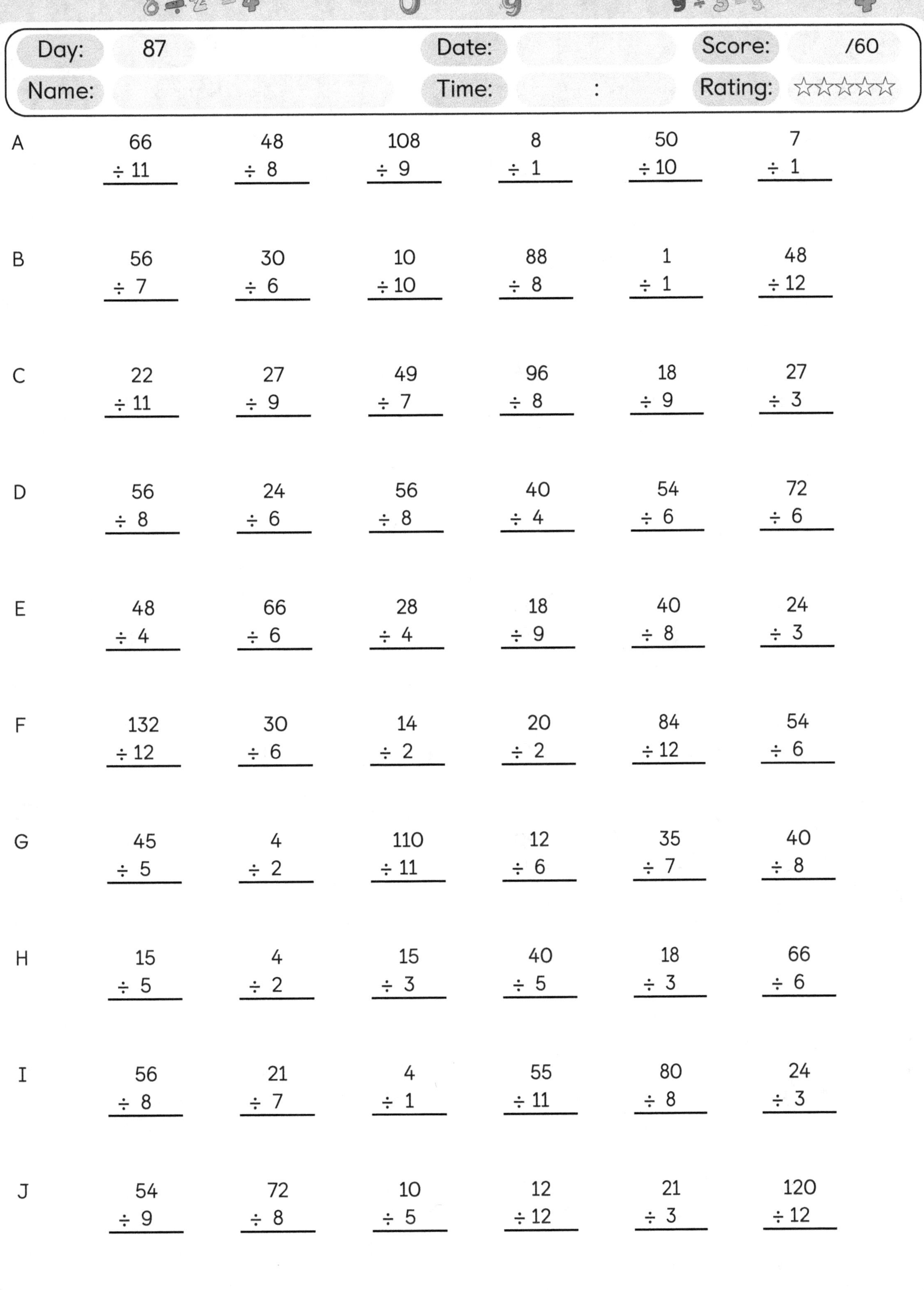

A	66 ÷ 11	48 ÷ 8	108 ÷ 9	8 ÷ 1	50 ÷ 10	7 ÷ 1
B	56 ÷ 7	30 ÷ 6	10 ÷ 10	88 ÷ 8	1 ÷ 1	48 ÷ 12
C	22 ÷ 11	27 ÷ 9	49 ÷ 7	96 ÷ 8	18 ÷ 9	27 ÷ 3
D	56 ÷ 8	24 ÷ 6	56 ÷ 8	40 ÷ 4	54 ÷ 6	72 ÷ 6
E	48 ÷ 4	66 ÷ 6	28 ÷ 4	18 ÷ 9	40 ÷ 8	24 ÷ 3
F	132 ÷ 12	30 ÷ 6	14 ÷ 2	20 ÷ 2	84 ÷ 12	54 ÷ 6
G	45 ÷ 5	4 ÷ 2	110 ÷ 11	12 ÷ 6	35 ÷ 7	40 ÷ 8
H	15 ÷ 5	4 ÷ 2	15 ÷ 3	40 ÷ 5	18 ÷ 3	66 ÷ 6
I	56 ÷ 8	21 ÷ 7	4 ÷ 1	55 ÷ 11	80 ÷ 8	24 ÷ 3
J	54 ÷ 9	72 ÷ 8	10 ÷ 5	12 ÷ 12	21 ÷ 3	120 ÷ 12

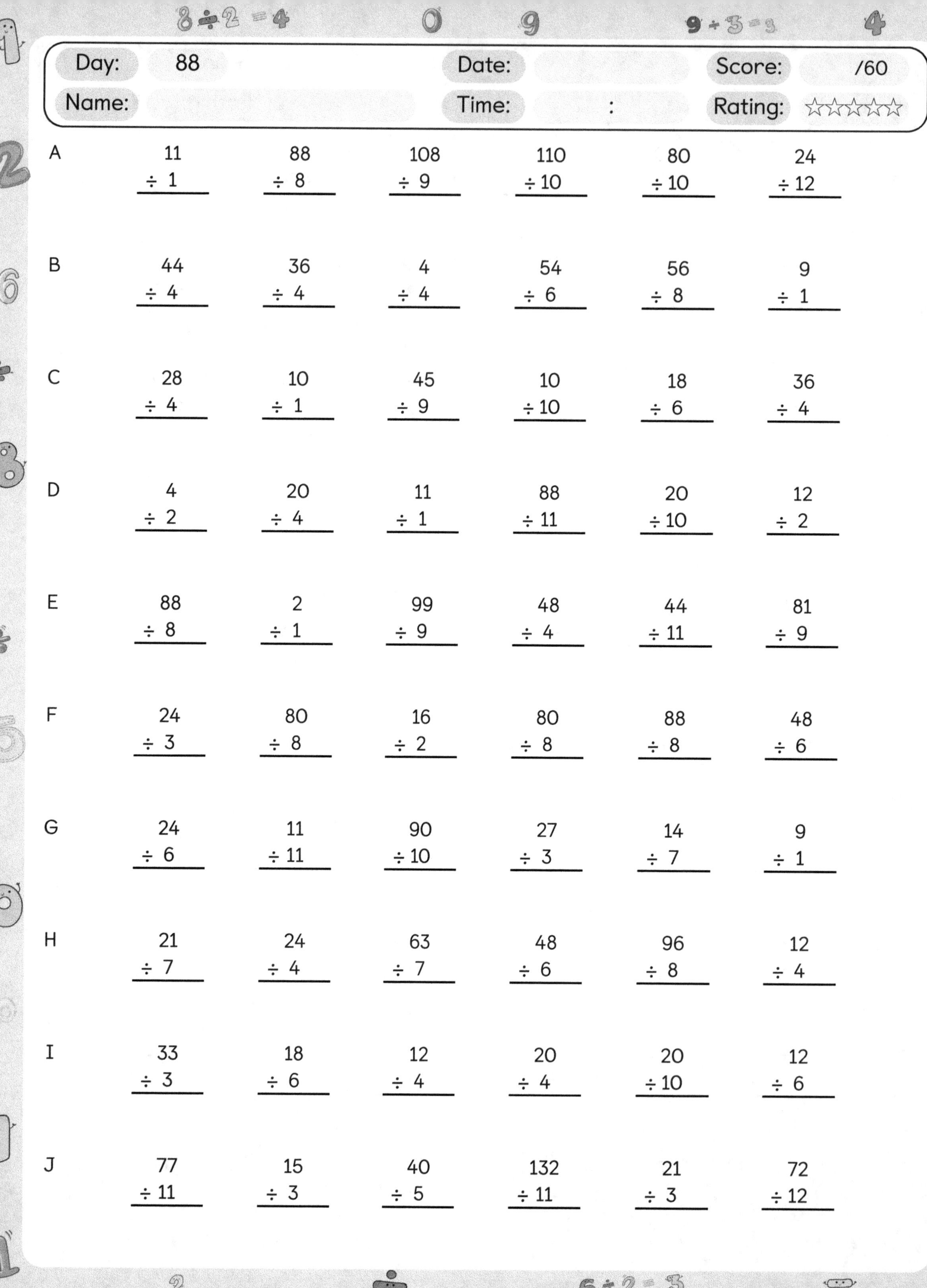

A	11 ÷ 1	88 ÷ 8	108 ÷ 9	110 ÷ 10	80 ÷ 10	24 ÷ 12
B	44 ÷ 4	36 ÷ 4	4 ÷ 4	54 ÷ 6	56 ÷ 8	9 ÷ 1
C	28 ÷ 4	10 ÷ 1	45 ÷ 9	10 ÷ 10	18 ÷ 6	36 ÷ 4
D	4 ÷ 2	20 ÷ 4	11 ÷ 1	88 ÷ 11	20 ÷ 10	12 ÷ 2
E	88 ÷ 8	2 ÷ 1	99 ÷ 9	48 ÷ 4	44 ÷ 11	81 ÷ 9
F	24 ÷ 3	80 ÷ 8	16 ÷ 2	80 ÷ 8	88 ÷ 8	48 ÷ 6
G	24 ÷ 6	11 ÷ 11	90 ÷ 10	27 ÷ 3	14 ÷ 7	9 ÷ 1
H	21 ÷ 7	24 ÷ 4	63 ÷ 7	48 ÷ 6	96 ÷ 8	12 ÷ 4
I	33 ÷ 3	18 ÷ 6	12 ÷ 4	20 ÷ 4	20 ÷ 10	12 ÷ 6
J	77 ÷ 11	15 ÷ 3	40 ÷ 5	132 ÷ 11	21 ÷ 3	72 ÷ 12

A

| 99 ÷ 9 | 63 ÷ 9 | 10 ÷ 2 | 20 ÷ 4 | 8 ÷ 1 | 66 ÷ 6 |

B

| 36 ÷ 6 | 21 ÷ 7 | 22 ÷ 2 | 40 ÷ 8 | 99 ÷ 11 | 10 ÷ 2 |

C

| 96 ÷ 12 | 84 ÷ 12 | 35 ÷ 5 | 45 ÷ 5 | 12 ÷ 6 | 18 ÷ 6 |

D

| 55 ÷ 5 | 16 ÷ 2 | 64 ÷ 8 | 40 ÷ 4 | 48 ÷ 4 | 48 ÷ 8 |

E

| 60 ÷ 10 | 60 ÷ 12 | 5 ÷ 1 | 6 ÷ 3 | 49 ÷ 7 | 15 ÷ 3 |

F

| 72 ÷ 8 | 20 ÷ 10 | 72 ÷ 6 | 36 ÷ 3 | 120 ÷ 12 | 6 ÷ 3 |

G

| 63 ÷ 7 | 12 ÷ 2 | 50 ÷ 5 | 72 ÷ 8 | 42 ÷ 7 | 21 ÷ 3 |

H

| 70 ÷ 10 | 6 ÷ 2 | 50 ÷ 5 | 24 ÷ 8 | 5 ÷ 1 | 36 ÷ 12 |

I

| 8 ÷ 1 | 55 ÷ 5 | 40 ÷ 10 | 10 ÷ 5 | 20 ÷ 2 | 2 ÷ 1 |

J

| 55 ÷ 11 | 9 ÷ 3 | 72 ÷ 8 | 132 ÷ 12 | 84 ÷ 7 | 36 ÷ 4 |

A

| $18 \div 2$ | $12 \div 12$ | $7 \div 1$ | $40 \div 4$ | $7 \div 7$ | $48 \div 8$ |

B

| $32 \div 4$ | $55 \div 11$ | $70 \div 7$ | $60 \div 5$ | $8 \div 2$ | $21 \div 3$ |

C

| $15 \div 5$ | $49 \div 7$ | $84 \div 7$ | $30 \div 5$ | $77 \div 11$ | $9 \div 9$ |

D

| $40 \div 10$ | $24 \div 6$ | $45 \div 5$ | $40 \div 8$ | $144 \div 12$ | $63 \div 9$ |

E

| $40 \div 10$ | $28 \div 7$ | $120 \div 12$ | $66 \div 11$ | $110 \div 10$ | $72 \div 9$ |

F

| $7 \div 7$ | $72 \div 12$ | $16 \div 4$ | $9 \div 9$ | $4 \div 1$ | $24 \div 2$ |

G

| $120 \div 12$ | $72 \div 12$ | $36 \div 3$ | $10 \div 5$ | $5 \div 5$ | $40 \div 4$ |

H

| $2 \div 2$ | $12 \div 6$ | $20 \div 4$ | $14 \div 7$ | $36 \div 9$ | $96 \div 8$ |

I

| $45 \div 5$ | $30 \div 10$ | $32 \div 4$ | $72 \div 9$ | $9 \div 1$ | $28 \div 4$ |

J

| $14 \div 2$ | $36 \div 12$ | $15 \div 3$ | $100 \div 10$ | $84 \div 12$ | $77 \div 11$ |

A	3 ÷ 3	120 ÷ 12	21 ÷ 7	100 ÷ 10	44 ÷ 4	84 ÷ 7
B	33 ÷ 11	110 ÷ 10	120 ÷ 10	70 ÷ 10	36 ÷ 3	3 ÷ 1
C	36 ÷ 3	10 ÷ 5	24 ÷ 3	4 ÷ 1	45 ÷ 9	50 ÷ 10
D	14 ÷ 2	8 ÷ 8	90 ÷ 10	14 ÷ 2	6 ÷ 6	40 ÷ 4
E	24 ÷ 8	84 ÷ 12	22 ÷ 2	24 ÷ 2	99 ÷ 9	24 ÷ 8
F	28 ÷ 7	48 ÷ 8	28 ÷ 4	20 ÷ 4	12 ÷ 12	22 ÷ 11
G	2 ÷ 2	6 ÷ 2	12 ÷ 3	77 ÷ 11	12 ÷ 12	60 ÷ 12
H	10 ÷ 10	21 ÷ 7	6 ÷ 6	80 ÷ 8	36 ÷ 12	8 ÷ 2
I	11 ÷ 11	40 ÷ 10	49 ÷ 7	45 ÷ 9	40 ÷ 5	50 ÷ 5
J	33 ÷ 3	72 ÷ 12	24 ÷ 8	9 ÷ 3	60 ÷ 5	15 ÷ 5

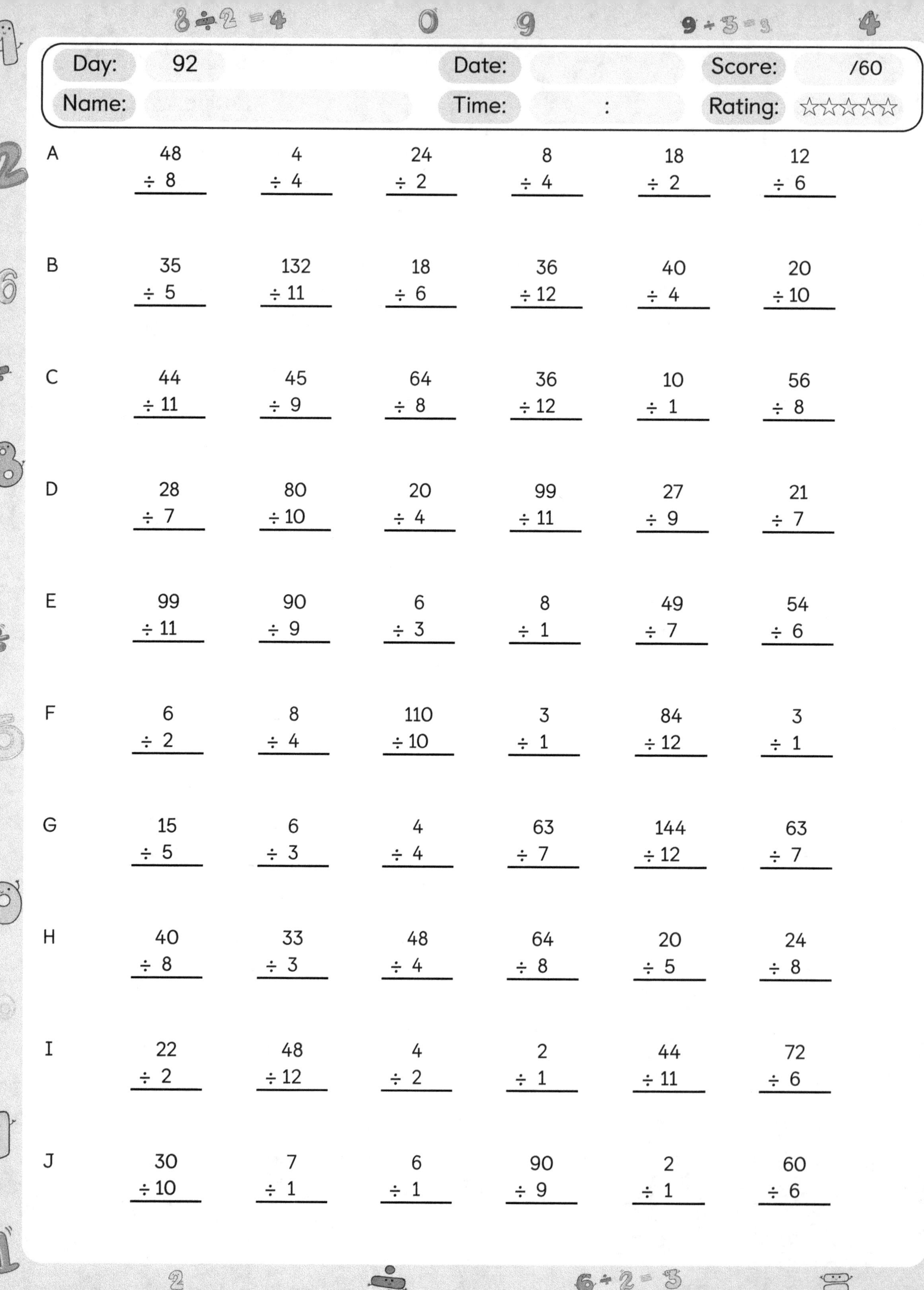

Day: 92
Name:
Date:
Time: :
Score: /60
Rating: ☆☆☆☆☆

A
48 ÷ 8
4 ÷ 4
24 ÷ 2
8 ÷ 4
18 ÷ 2
12 ÷ 6

B
35 ÷ 5
132 ÷ 11
18 ÷ 6
36 ÷ 12
40 ÷ 4
20 ÷ 10

C
44 ÷ 11
45 ÷ 9
64 ÷ 8
36 ÷ 12
10 ÷ 1
56 ÷ 8

D
28 ÷ 7
80 ÷ 10
20 ÷ 4
99 ÷ 11
27 ÷ 9
21 ÷ 7

E
99 ÷ 11
90 ÷ 9
6 ÷ 3
8 ÷ 1
49 ÷ 7
54 ÷ 6

F
6 ÷ 2
8 ÷ 4
110 ÷ 10
3 ÷ 1
84 ÷ 12
3 ÷ 1

G
15 ÷ 5
6 ÷ 3
4 ÷ 4
63 ÷ 7
144 ÷ 12
63 ÷ 7

H
40 ÷ 8
33 ÷ 3
48 ÷ 4
64 ÷ 8
20 ÷ 5
24 ÷ 8

I
22 ÷ 2
48 ÷ 12
4 ÷ 2
2 ÷ 1
44 ÷ 11
72 ÷ 6

J
30 ÷ 10
7 ÷ 1
6 ÷ 1
90 ÷ 9
2 ÷ 1
60 ÷ 6

A

30 ÷ 10	132 ÷ 12	12 ÷ 6	80 ÷ 10	45 ÷ 9	15 ÷ 5

B

20 ÷ 5	27 ÷ 3	24 ÷ 2	70 ÷ 7	20 ÷ 2	2 ÷ 2

C

9 ÷ 3	80 ÷ 8	96 ÷ 12	10 ÷ 2	24 ÷ 3	77 ÷ 11

D

64 ÷ 8	9 ÷ 9	33 ÷ 3	49 ÷ 7	25 ÷ 5	16 ÷ 4

E

100 ÷ 10	48 ÷ 6	12 ÷ 4	54 ÷ 9	33 ÷ 11	21 ÷ 3

F

55 ÷ 5	50 ÷ 5	108 ÷ 12	12 ÷ 4	60 ÷ 12	28 ÷ 7

G

20 ÷ 10	30 ÷ 6	35 ÷ 7	30 ÷ 5	3 ÷ 1	24 ÷ 6

H

24 ÷ 2	22 ÷ 2	30 ÷ 5	28 ÷ 4	6 ÷ 3	96 ÷ 8

I

70 ÷ 7	11 ÷ 1	7 ÷ 7	35 ÷ 5	120 ÷ 10	25 ÷ 5

J

108 ÷ 12	18 ÷ 3	3 ÷ 3	55 ÷ 5	21 ÷ 7	36 ÷ 4

A

| $18 \div 2$ | $88 \div 8$ | $2 \div 2$ | $63 \div 9$ | $11 \div 1$ | $45 \div 5$ |

B

| $16 \div 2$ | $108 \div 9$ | $40 \div 8$ | $30 \div 3$ | $45 \div 9$ | $40 \div 4$ |

C

| $42 \div 7$ | $16 \div 4$ | $45 \div 5$ | $60 \div 5$ | $90 \div 9$ | $12 \div 2$ |

D

| $11 \div 1$ | $2 \div 2$ | $1 \div 1$ | $88 \div 8$ | $40 \div 10$ | $96 \div 12$ |

E

| $100 \div 10$ | $90 \div 10$ | $120 \div 12$ | $24 \div 2$ | $42 \div 6$ | $12 \div 3$ |

F

| $32 \div 4$ | $10 \div 1$ | $48 \div 8$ | $81 \div 9$ | $121 \div 11$ | $30 \div 10$ |

G

| $60 \div 5$ | $9 \div 1$ | $64 \div 8$ | $9 \div 9$ | $60 \div 12$ | $18 \div 3$ |

H

| $27 \div 9$ | $40 \div 8$ | $66 \div 6$ | $144 \div 12$ | $70 \div 10$ | $108 \div 9$ |

I

| $132 \div 12$ | $50 \div 5$ | $77 \div 11$ | $2 \div 1$ | $14 \div 7$ | $8 \div 8$ |

J

| $144 \div 12$ | $2 \div 1$ | $48 \div 4$ | $12 \div 12$ | $27 \div 3$ | $14 \div 2$ |

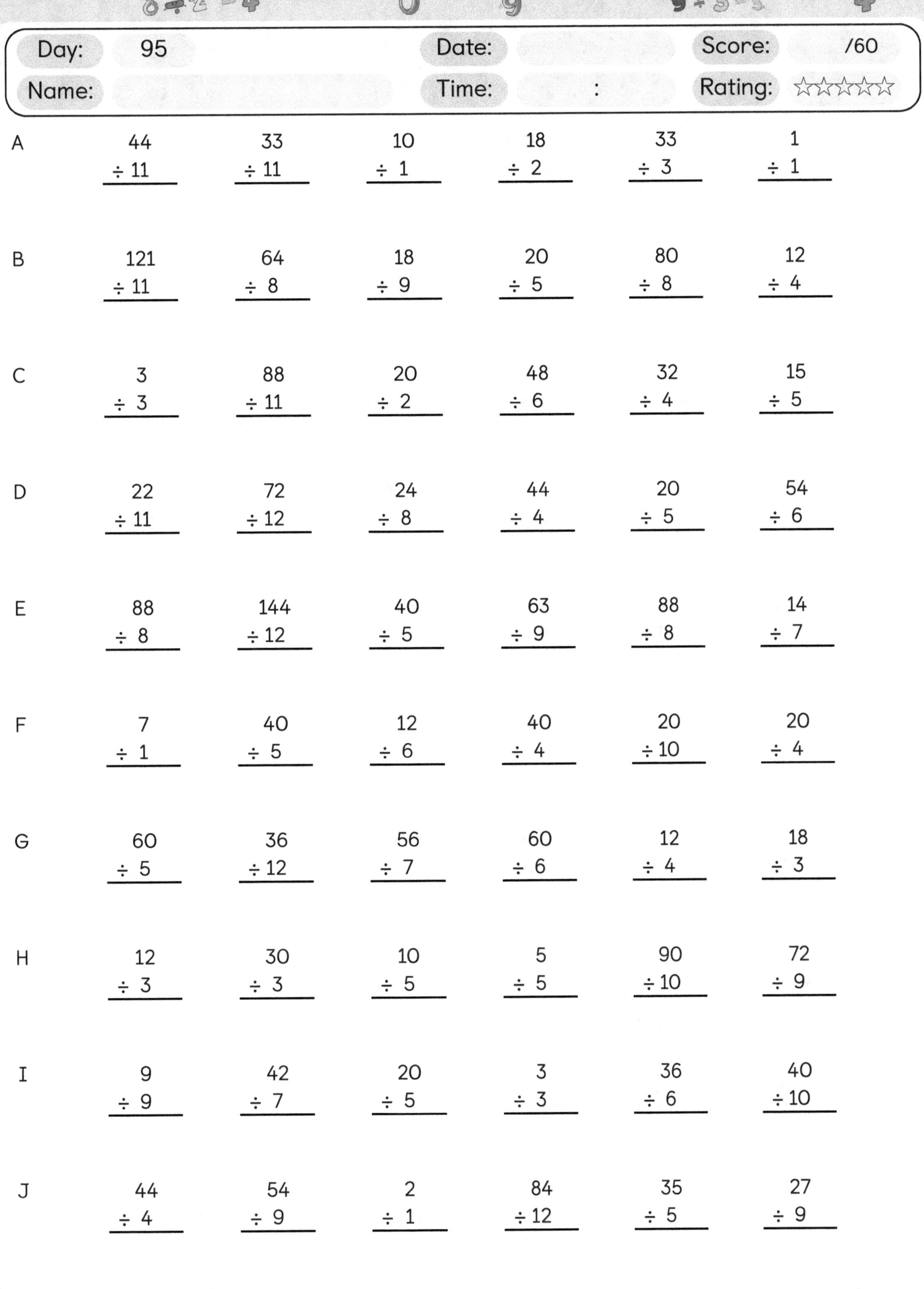

A	44 ÷ 11	33 ÷ 11	10 ÷ 1	18 ÷ 2	33 ÷ 3	1 ÷ 1
B	121 ÷ 11	64 ÷ 8	18 ÷ 9	20 ÷ 5	80 ÷ 8	12 ÷ 4
C	3 ÷ 3	88 ÷ 11	20 ÷ 2	48 ÷ 6	32 ÷ 4	15 ÷ 5
D	22 ÷ 11	72 ÷ 12	24 ÷ 8	44 ÷ 4	20 ÷ 5	54 ÷ 6
E	88 ÷ 8	144 ÷ 12	40 ÷ 5	63 ÷ 9	88 ÷ 8	14 ÷ 7
F	7 ÷ 1	40 ÷ 5	12 ÷ 6	40 ÷ 4	20 ÷ 10	20 ÷ 4
G	60 ÷ 5	36 ÷ 12	56 ÷ 7	60 ÷ 6	12 ÷ 4	18 ÷ 3
H	12 ÷ 3	30 ÷ 3	10 ÷ 5	5 ÷ 5	90 ÷ 10	72 ÷ 9
I	9 ÷ 9	42 ÷ 7	20 ÷ 5	3 ÷ 3	36 ÷ 6	40 ÷ 10
J	44 ÷ 4	54 ÷ 9	2 ÷ 1	84 ÷ 12	35 ÷ 5	27 ÷ 9

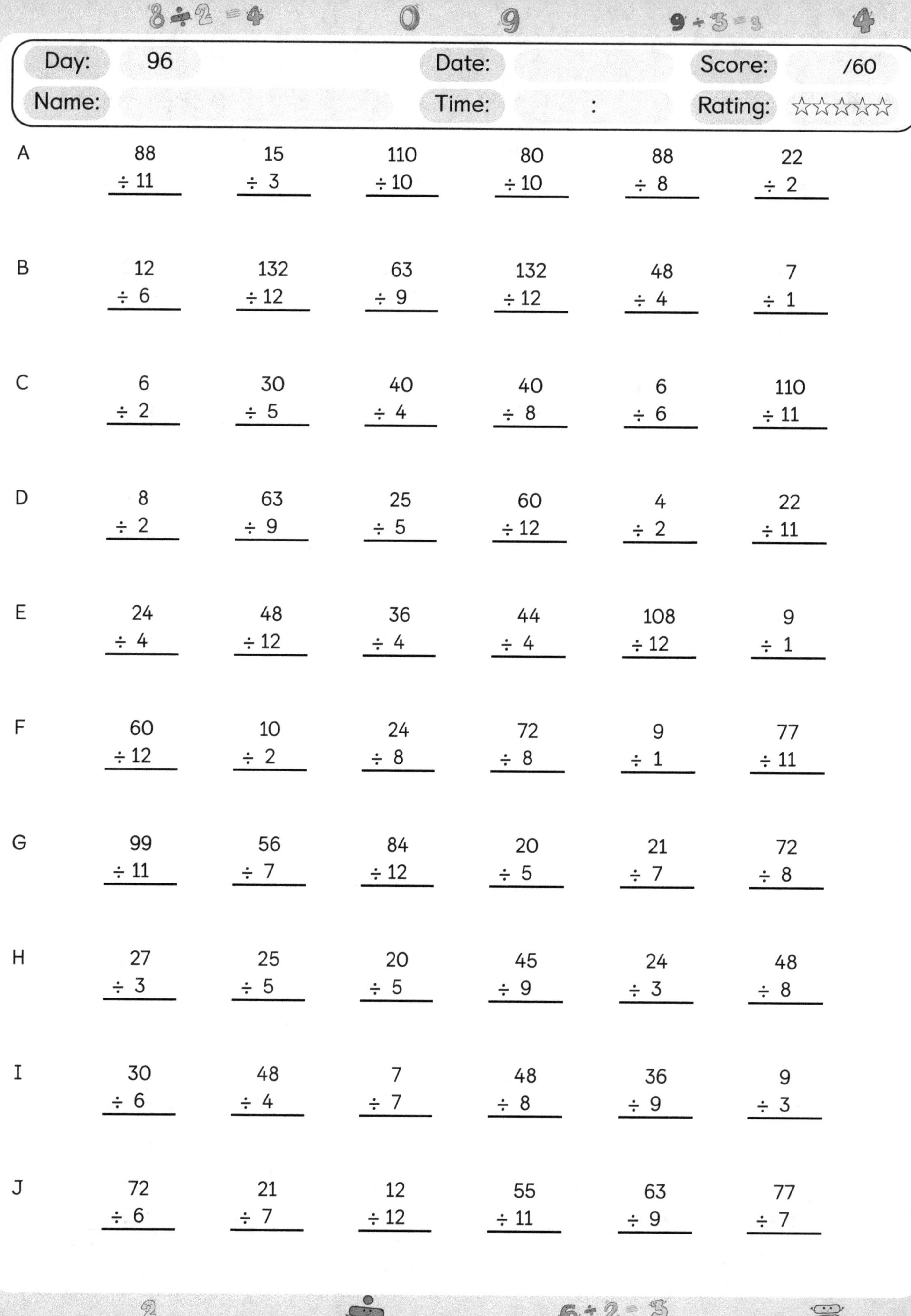

A	88 ÷ 11	15 ÷ 3	110 ÷ 10	80 ÷ 10	88 ÷ 8	22 ÷ 2
B	12 ÷ 6	132 ÷ 12	63 ÷ 9	132 ÷ 12	48 ÷ 4	7 ÷ 1
C	6 ÷ 2	30 ÷ 5	40 ÷ 4	40 ÷ 8	6 ÷ 6	110 ÷ 11
D	8 ÷ 2	63 ÷ 9	25 ÷ 5	60 ÷ 12	4 ÷ 2	22 ÷ 11
E	24 ÷ 4	48 ÷ 12	36 ÷ 4	44 ÷ 4	108 ÷ 12	9 ÷ 1
F	60 ÷ 12	10 ÷ 2	24 ÷ 8	72 ÷ 8	9 ÷ 1	77 ÷ 11
G	99 ÷ 11	56 ÷ 7	84 ÷ 12	20 ÷ 5	21 ÷ 7	72 ÷ 8
H	27 ÷ 3	25 ÷ 5	20 ÷ 5	45 ÷ 9	24 ÷ 3	48 ÷ 8
I	30 ÷ 6	48 ÷ 4	7 ÷ 7	48 ÷ 8	36 ÷ 9	9 ÷ 3
J	72 ÷ 6	21 ÷ 7	12 ÷ 12	55 ÷ 11	63 ÷ 9	77 ÷ 7

A	10 ÷ 10	28 ÷ 4	40 ÷ 10	40 ÷ 4	132 ÷ 11	63 ÷ 9
B	5 ÷ 5	90 ÷ 10	8 ÷ 1	33 ÷ 11	30 ÷ 3	60 ÷ 6
C	36 ÷ 9	10 ÷ 2	66 ÷ 6	4 ÷ 2	7 ÷ 1	120 ÷ 10
D	12 ÷ 4	90 ÷ 10	28 ÷ 7	63 ÷ 7	11 ÷ 11	6 ÷ 1
E	110 ÷ 10	81 ÷ 9	45 ÷ 5	99 ÷ 9	70 ÷ 10	60 ÷ 5
F	96 ÷ 8	49 ÷ 7	120 ÷ 12	70 ÷ 7	18 ÷ 6	35 ÷ 5
G	88 ÷ 11	42 ÷ 7	36 ÷ 3	24 ÷ 8	14 ÷ 7	24 ÷ 4
H	21 ÷ 7	36 ÷ 6	18 ÷ 2	9 ÷ 3	3 ÷ 3	45 ÷ 9
I	10 ÷ 1	72 ÷ 8	20 ÷ 10	56 ÷ 7	50 ÷ 5	28 ÷ 4
J	12 ÷ 2	3 ÷ 1	54 ÷ 6	56 ÷ 7	70 ÷ 7	7 ÷ 1

<table>
<tr><td>Day:</td><td>98</td><td>Date:</td><td></td><td>Score:</td><td>/60</td></tr>
<tr><td>Name:</td><td></td><td>Time:</td><td>:</td><td>Rating:</td><td>☆☆☆☆☆☆</td></tr>
</table>

A	$72 \div 9$	$8 \div 4$	$16 \div 8$	$40 \div 5$	$16 \div 4$	$5 \div 5$
B	$25 \div 5$	$10 \div 5$	$108 \div 9$	$42 \div 7$	$20 \div 4$	$24 \div 12$
C	$9 \div 3$	$45 \div 9$	$63 \div 9$	$22 \div 11$	$16 \div 8$	$3 \div 1$
D	$10 \div 10$	$27 \div 9$	$11 \div 11$	$5 \div 1$	$10 \div 1$	$16 \div 2$
E	$72 \div 6$	$20 \div 2$	$1 \div 1$	$81 \div 9$	$9 \div 9$	$42 \div 7$
F	$64 \div 8$	$6 \div 2$	$77 \div 11$	$8 \div 1$	$132 \div 11$	$90 \div 10$
G	$36 \div 4$	$36 \div 6$	$42 \div 7$	$81 \div 9$	$132 \div 12$	$24 \div 4$
H	$36 \div 12$	$22 \div 2$	$49 \div 7$	$12 \div 1$	$60 \div 10$	$12 \div 12$
I	$4 \div 4$	$60 \div 10$	$72 \div 12$	$12 \div 1$	$9 \div 1$	$10 \div 1$
J	$18 \div 9$	$40 \div 5$	$5 \div 5$	$10 \div 1$	$10 \div 5$	$24 \div 4$

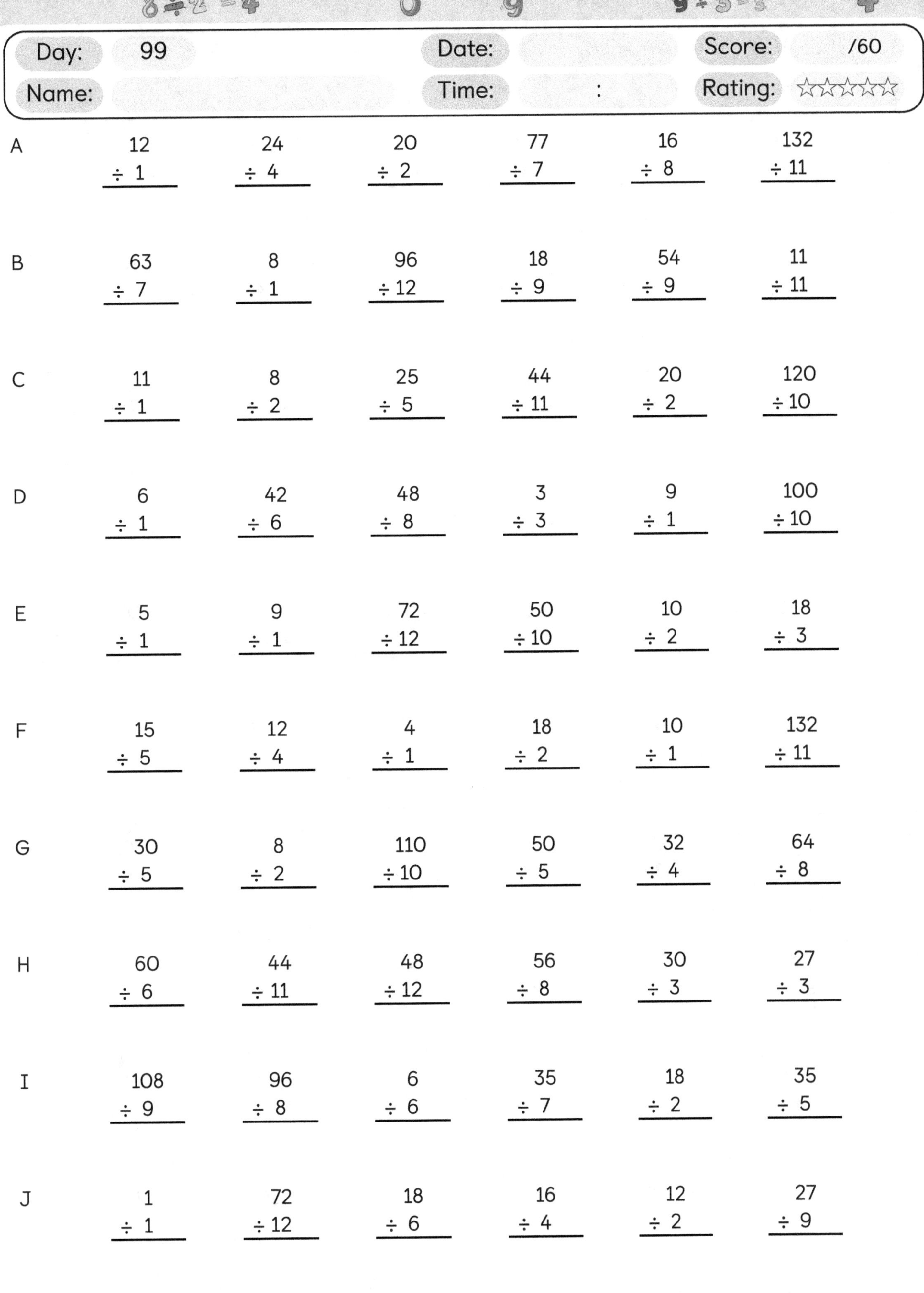

Day: 99   Date: Score: /60
Name: Time: :   Rating: ☆☆☆☆☆

A   12 ÷ 1   24 ÷ 4   20 ÷ 2   77 ÷ 7   16 ÷ 8   132 ÷ 11

B   63 ÷ 7   8 ÷ 1   96 ÷ 12   18 ÷ 9   54 ÷ 9   11 ÷ 11

C   11 ÷ 1   8 ÷ 2   25 ÷ 5   44 ÷ 11   20 ÷ 2   120 ÷ 10

D   6 ÷ 1   42 ÷ 6   48 ÷ 8   3 ÷ 3   9 ÷ 1   100 ÷ 10

E   5 ÷ 1   9 ÷ 1   72 ÷ 12   50 ÷ 10   10 ÷ 2   18 ÷ 3

F   15 ÷ 5   12 ÷ 4   4 ÷ 1   18 ÷ 2   10 ÷ 1   132 ÷ 11

G   30 ÷ 5   8 ÷ 2   110 ÷ 10   50 ÷ 5   32 ÷ 4   64 ÷ 8

H   60 ÷ 6   44 ÷ 11   48 ÷ 12   56 ÷ 8   30 ÷ 3   27 ÷ 3

I   108 ÷ 9   96 ÷ 8   6 ÷ 6   35 ÷ 7   18 ÷ 2   35 ÷ 5

J   1 ÷ 1   72 ÷ 12   18 ÷ 6   16 ÷ 4   12 ÷ 2   27 ÷ 9

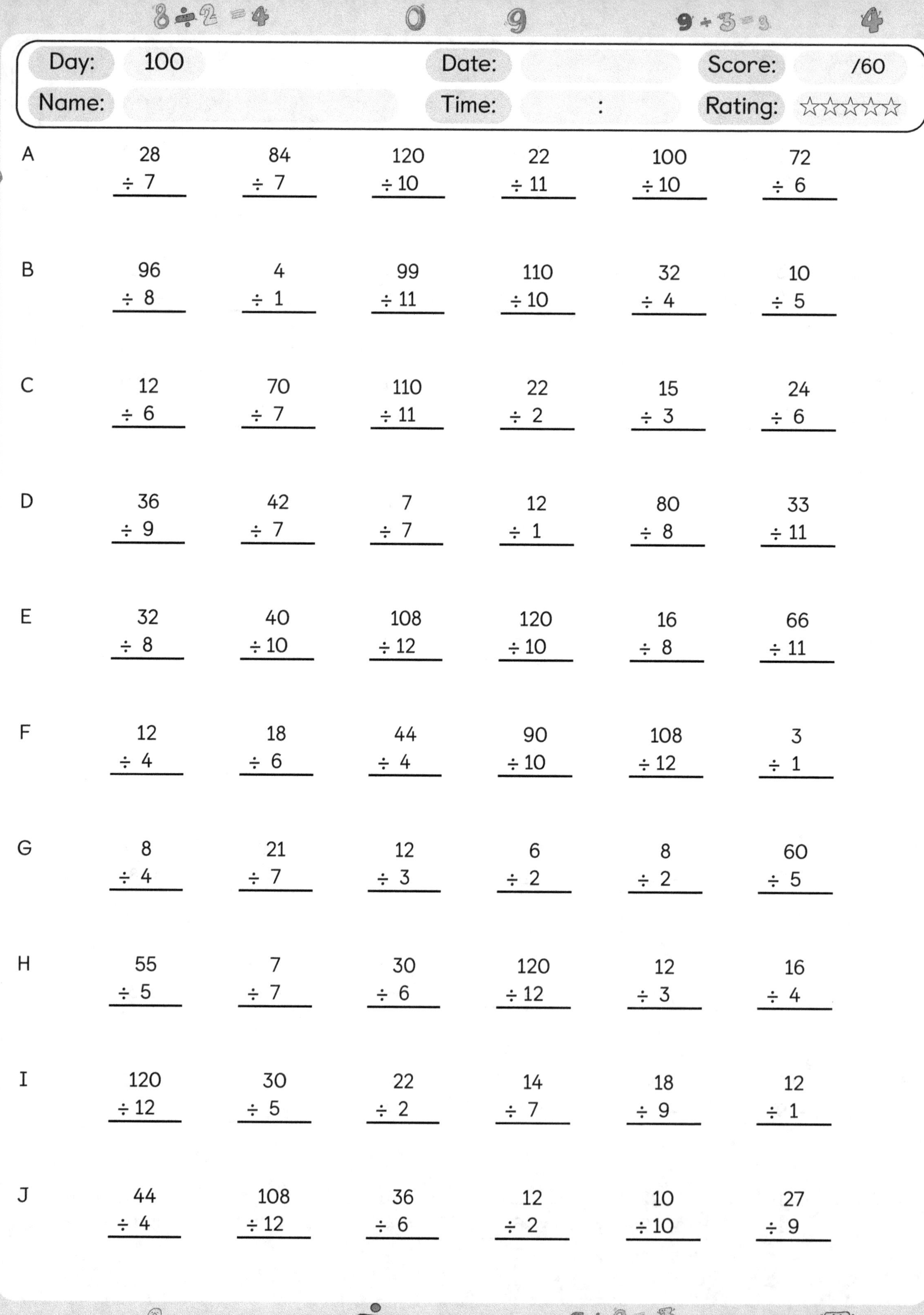

Day: 100
Date:
Name:
Time: :
Score: /60
Rating: ☆☆☆☆☆☆

A
28 ÷ 7
84 ÷ 7
120 ÷ 10
22 ÷ 11
100 ÷ 10
72 ÷ 6

B
96 ÷ 8
4 ÷ 1
99 ÷ 11
110 ÷ 10
32 ÷ 4
10 ÷ 5

C
12 ÷ 6
70 ÷ 7
110 ÷ 11
22 ÷ 2
15 ÷ 3
24 ÷ 6

D
36 ÷ 9
42 ÷ 7
7 ÷ 7
12 ÷ 1
80 ÷ 8
33 ÷ 11

E
32 ÷ 8
40 ÷ 10
108 ÷ 12
120 ÷ 10
16 ÷ 8
66 ÷ 11

F
12 ÷ 4
18 ÷ 6
44 ÷ 4
90 ÷ 10
108 ÷ 12
3 ÷ 1

G
8 ÷ 4
21 ÷ 7
12 ÷ 3
6 ÷ 2
8 ÷ 2
60 ÷ 5

H
55 ÷ 5
7 ÷ 7
30 ÷ 6
120 ÷ 12
12 ÷ 3
16 ÷ 4

I
120 ÷ 12
30 ÷ 5
22 ÷ 2
14 ÷ 7
18 ÷ 9
12 ÷ 1

J
44 ÷ 4
108 ÷ 12
36 ÷ 6
12 ÷ 2
10 ÷ 10
27 ÷ 9

Multiplication Answer Key Sheet

The sheet lists, for each day (1–50), two rows (A–J) with six columns of solutions, arranged in five side-by-side column groups: A/F, B/G, C/H, D/I, E/J.

Columns A / F

Day	A	F
1	14, 24, 20, 6, 40, 7	42, 11, 8, 120, 24, 10
2	132, 72, 80, 35, 50, 54	30, 20, 36, 30, 42, 36
3	121, 15, 108, 54, 49, 60	3, 90, 54, 120, 14, 12
4	72, 63, 48, 33, 132, 9	9, 20, 2, 55, 24, 6
5	100, 7, 9, 24, 11, 10	30, 32, 40, 12, 63, 20
6	81, 9, 72, 20, 33, 96	40, 21, 35, 60, 14, 30
7	54, 6, 8, 90, 99, 8	36, 54, 20, 60, 33, 10
8	11, 18, 20, 72, 40, 36	88, 42, 121, 96, 60, 88
9	18, 8, 42, 88, 18, 33	44, 108, 3, 12, 54, 35
10	56, 45, 120, 90, 132, 132	44, 25, 3, 10, 90, 96
11	22, 30, 63, 12, 121, 48	72, 54, 66, 80, 24, 33
12	108, 24, 33, 35, 21, 10	56, 120, 30, 49, 54, 3
13	72, 54, 72, 20, 18, 121	24, 8, 24, 100, 40, 4
14	10, 88, 14, 60, 28, 60	6, 5, 12, 25, 5, 30
15	56, 6, 30, 8, 99, 7	40, 11, 80, 72, 84, 110
16	54, 28, 32, 121, 36, 108	48, 20, 3, 12, 32, 6
17	45, 48, 12, 14, 8, 3	14, 30, 77, 4, 64, 80
18	12, 72, 36, 6, 22, 108	24, 11, 30, 32, 22, 12
19	12, 6, 66, 1, 15, 22	6, 36, 110, 80, 24, 90
20	63, 10, 40, 27, 12, 8	50, 5, 30, 6, 7, 28
21	72, 60, 49, 120, 40, 32	11, 16, 48, 24, 3, 27
22	8, 99, 27, 36, 8, 7	4, 77, 18, 50, 54, 24
23	63, 88, 10, 81, 28, 120	48, 55, 24, 27, 9, 36
24	6, 108, 72, 21, 24, 20	72, 77, 54, 8, 88, 24
25	16, 18, 40, 14, 22, 6	12, 36, 5, 110, 60, 18
26	36, 18, 44, 49, 80, 70	48, 60, 4, 6, 56, 42
27	14, 22, 88, 21, 72, 28	45, 84, 108, 54, 120, 20
28	12, 4, 96, 8, 36, 14	10, 28, 11, 20, 35, 100
29	80, 30, 7, 77, 36, 77	10, 99, 84, 40, 22, 4
30	4, 30, 72, 14, 90, 16	18, 88, 40, 40, 15, 36
31	45, 70, 77, 35, 80, 33	77, 25, 88, 18, 20, 70
32	4, 8, 55, 88, 9, 12	50, 96, 60, 56, 35, 24
33	20, 10, 36, 28, 55, 16	40, 36, 30, 132, 1, 48
34	44, 30, 3, 28, 32, 84	32, 12, 22, 40, 11, 12
35	84, 45, 27, 64, 90, 30	12, 70, 20, 30, 15, 6
36	70, 44, 66, 72, 50, 60	120, 10, 99, 10, 2, 28
37	72, 24, 11, 66, 21, 3	24, 24, 30, 32, 5, 90
38	80, 4, 72, 15, 35, 15	121, 18, 4, 36, 99, 9
39	63, 44, 21, 60, 108, 96	10, 16, 30, 70, 8, 48
40	72, 12, 60, 8, 45, 4	60, 20, 16, 7, 22, 9
41	60, 96, 44, 55, 20, 20	18, 48, 14, 96, 24, 132
42	63, 56, 12, 77, 33, 18	16, 28, 25, 35, 24, 18
43	120, 18, 15, 72, 36, 3	44, 45, 12, 30, 42, 48
44	8, 27, 70, 72, 36, 32	40, 96, 84, 32, 50, 20
45	64, 24, 5, 20, 22, 36	12, 24, 44, 40, 99, 72
46	1, 33, 36, 81, 48, 56	18, 36, 44, 40, 8, 35
47	90, 2, 1, 40, 70, 24	10, 48, 40, 96, 80, 12
48	24, 2, 30, 60, 4, 40	132, 1, 70, 66, 36, 24
49	60, 33, 8, 66, 120, 10	5, 10, 20, 25, 35, 24
50	48, 36, 10, 40, 21, 5	45, 8, 18, 36, 50, 48

Columns B / G

Day	B	G
1	20, 15, 16, 3, 11, 4	24, 40, 2, 132, 18, 22
2	3, 6, 88, 12, 40, 56	8, 20, 8, 63, 12, 9
3	11, 45, 10, 48, 48, 10	6, 55, 20, 3, 121, 84
4	16, 100, 4, 8, 40, 40	50, 70, 9, 60, 15, 16
5	77, 18, 24, 27, 121, 12	24, 60, 9, 48, 11, 18
6	10, 121, 54, 77, 60, 14	40, 9, 45, 132, 35, 24
7	36, 110, 25, 30, 18, 25	8, 8, 5, 2, 4, 32
8	4, 48, 110, 108, 88, 28	2, 63, 88, 144, 36, 81
9	40, 110, 6, 100, 12, 16	24, 84, 66, 32, 12, 8
10	27, 5, 15, 6, 42, 132	48, 16, 100, 88, 77, 33
11	120, 100, 70, 144, 80, 22	25, 9, 11, 144, 132, 20
12	7, 4, 2, 108, 110, 144	11, 32, 42, 6, 15, 110
13	5, 77, 24, 9, 32, 4	36, 54, 60, 20, 4, 96
14	56, 16, 10, 27, 96, 30	24, 16, 64, 36, 3, 72
15	40, 6, 28, 80, 11, 25	90, 6, 45, 60, 108, 28
16	80, 28, 49, 99, 12, 40	110, 48, 8, 77, 60, 16
17	12, 24, 5, 108, 7, 48	18, 20, 88, 10, 2, 9
18	21, 30, 12, 66, 14, 48	4, 121, 77, 3, 2, 55
19	1, 108, 22, 144, 50, 63	32, 108, 77, 24, 70, 3
20	22, 63, 48, 7, 12, 36	3, 132, 9, 30, 5, 6
21	12, 120, 21, 108, 1, 108	120, 132, 9, 6, 81, 11
22	2, 99, 8, 16, 9, 2	8, 9, 48, 132, 50, 42
23	24, 21, 120, 30, 45, 18	48, 88, 84, 50, 6, 6
24	84, 132, 88, 20, 10, 60	6, 72, 16, 12, 64, 6
25	18, 48, 21, 20, 50, 27	24, 8, 24, 81, 45, 2
26	14, 24, 6, 2, 9, 49	24, 25, 40, 14, 22, 5
27	24, 96, 6, 77, 24, 12	60, 8, 55, 20, 27, 96
28	72, 9, 36, 12, 12, 96	63, 80, 12, 60, 50, 44
29	56, 72, 28, 45, 48, 11	45, 60, 18, 27, 15, 66
30	9, 30, 36, 9, 132, 16	8, 56, 88, 28, 32, 64
31	18, 4, 6, 90, 15, 70	64, 9, 56, 2, 99, 80
32	28, 25, 12, 30, 90, 42	60, 14, 54, 12, 20, 72
33	4, 12, 84, 16, 48, 60	12, 49, 33, 11, 16, 56
34	35, 27, 16, 55, 70, 48	22, 36, 20, 36, 80, 18
35	108, 50, 36, 7, 18, 32	36, 60, 12, 90, 96, 10
36	120, 66, 18, 35, 44, 9	6, 70, 81, 2, 24, 12
37	84, 1, 5, 33, 64, 81	48, 1, 42, 56, 8, 28
38	20, 32, 50, 88, 24, 8	40, 42, 3, 12, 12, 50
39	22, 24, 12, 56, 36, 8	24, 24, 99, 24, 36, 121
40	28, 96, 7, 9, 72, 12	44, 12, 24, 70, 132, 72
41	36, 32, 10, 100, 10, 44	33, 45, 55, 11, 24, 20
42	88, 80, 1, 88, 90, 63	22, 10, 42, 21, 5, 12
43	40, 18, 17, 11, 96, 25	30, 66, 30, 4, 66, 24
44	110, 60, 5, 22, 15, 80	7, 33, 16, 36, 18, 90
45	72, 8, 36, 77, 144, 36	56, 30, 45, 48, 88, 64
46	6, 3, 60, 30, 48, 12	60, 16, 10, 21, 35, 7
47	25, 45, 55, 70, 21, 6	55, 12, 44, 24, 90, 30
48	8, 9, 24, 54, 60, 6	18, 30, 120, 72, 60, 60
49	20, 30, 40, 88, 33, 8	30, 18, 18, 44, 35, 4
50	16, 16, 81, 56, 110, 8	90, 16, 90, 42, 33, 8

Columns C / H

Day	C	H
1	32, 12, 11, 12, 40, 4	5, 30, 4, 96, 90, 3
2	18, 132, 40, 80, 48, 108	12, 18, 25, 8, 4, 55
3	6, 6, 12, 36, 9, 21	10, 48, 8, 72, 72, 10
4	110, 11, 42, 72, 14, 9	55, 6, 30, 48, 54, 48
5	36, 25, 35, 12, 36, 28	80, 110, 18, 63, 10, 8
6	6, 12, 27, 24, 12, 18	12, 36, 56, 5, 42, 72
7	10, 24, 16, 2, 44, 70	10, 40, 8, 110, 16, 56
8	55, 110, 10, 120, 80, 30	132, 50, 4, 8, 16, 24
9	12, 18, 8, 44, 50, 12	60, 5, 99, 30, 60, 4
10	24, 132, 12, 16, 36, 110	3, 30, 120, 5, 15, 80
11	6, 33, 9, 5, 55, 6	45, 144, 12, 55, 12, 55
12	84, 28, 40, 132, 144, 18	27, 4, 81, 40, 45, 63
13	120, 20, 18, 48, 10, 50	80, 24, 84, 3, 35, 60
14	20, 16, 121, 77, 30, 21	14, 96, 90, 15, 48, 32
15	5, 22, 50, 8, 15, 24	60, 70, 4, 12, 108, 35
16	11, 6, 96, 18, 16, 16	32, 6, 60, 15, 24, 45
17	18, 50, 63, 70, 24, 108	24, 45, 9, 11, 30, 60
18	120, 84, 110, 2, 70, 6	8, 33, 60, 12, 9, 8
19	7, 132, 14, 10, 40, 2	36, 9, 66, 8, 88, 99
20	54, 20, 99, 24, 77, 12	16, 15, 12, 7, 54, 40
21	60, 54, 60, 120, 10, 30	6, 35, 45, 44, 30, 7
22	32, 7, 8, 54, 15, 20	60, 4, 110, 12, 56, 20
23	99, 144, 42, 63, 24, 20	6, 120, 36, 72, 72, 9
24	144, 22, 18, 50, 20, 11	132, 84, 7, 110, 8, 11
25	24, 42, 14, 10, 54, 2	55, 10, 14, 12, 10, 10
26	5, 10, 54, 40, 36, 48	28, 21, 30, 55, 100, 36
27	49, 80, 28, 72, 120, 48	42, 12, 32, 108, 16, 48
28	64, 70, 40, 108, 15, 120	42, 18, 16, 2, 21, 66
29	24, 36, 33, 18, 36, 40	18, 66, 10, 12, 12, 36
30	99, 40, 77, 35, 88, 110	28, 16, 72, 144, 10, 36
31	72, 120, 72, 99, 84, 108	8, 28, 8, 9, 60, 110
32	84, 21, 21, 45, 8, 60	10, 5, 12, 20, 110, 49
33	12, 11, 84, 50, 20, 144	66, 24, 40, 100, 49, 77
34	121, 7, 25, 2, 64, 96	63, 40, 42, 2, 81, 33
35	6, 3, 12, 48, 20, 132	18, 24, 42, 8, 88, 44
36	36, 50, 90, 40, 11, 72	63, 32, 22, 6, 40, 4
37	84, 40, 72, 24, 55, 44	49, 77, 50, 32, 40, 96
38	24, 90, 96, 4, 63, 8	96, 27, 64, 120, 24, 9
39	21, 5, 20, 10, 30, 2	18, 63, 80, 15, 90, 42
40	10, 5, 6, 6, 3, 80	12, 48, 60, 72, 27, 56
41	9, 7, 132, 7, 88, 32	18, 81, 22, 10, 36, 24
42	88, 81, 22, 10, 36, 24	8, 12, 24, 48, 45, 18
43	2, 35, 21, 36, 88, 132	64, 14, 28, 72, 120, 4
44	20, 27, 20, 24, 28, 30	72, 45, 10, 2, 50, 56
45	1, 7, 24, 21, 64, 22	96, 49, 40, 60, 40, 42
46	60, 72, 48, 44, 21, 7	3, 84, 14, 10, 30, 16
47	24, 54, 48, 44, 21, 12	14, 48, 24, 12, 132, 48
48	72, 3, 5, 15, 56, 8	18, 15, 30, 5, 14, 12
49	12, 21, 48, 81, 80, 48	36, 1, 5, 6, 15, 63
50	8, 12, 33, 77, 99, 48	30, 4, 81, 7, 44, 70

Columns D / I

Day	D	I
1	70, 36, 72, 24, 99, 8	7, 84, 50, 6, 48, 33
2	90, 96, 6, 50, 36, 10	77, 110, 10, 36, 5, 12
3	28, 108, 88, 21, 5, 66	144, 15, 66, 50, 12, 99
4	24, 3, 88, 90, 10, 18	120, 9, 144, 48, 22, 18
5	33, 9, 4, 5, 48, 60	1, 36, 42, 108, 14, 22
6	32, 132, 12, 40, 15, 66	18, 42, 132, 110, 18, 45
7	21, 27, 50, 36, 63, 60	80, 27, 5, 45, 33, 4
8	27, 25, 12, 63, 9, 5	16, 15, 56, 40, 60, 54
9	110, 63, 72, 7, 42, 7	12, 48, 7, 49, 9, 5
10	16, 8, 100, 48, 11, 4	30, 72, 77, 15, 72, 25
11	56, 24, 7, 108, 96, 22	21, 10, 24, 80, 70, 80
12	54, 121, 70, 54, 48, 6	60, 10, 40, 72, 33, 99
13	24, 14, 3, 14, 56, 12	44, 77, 10, 88, 24, 99
14	70, 108, 144, 56, 60, 120	16, 110, 40, 18, 6, 10
15	12, 6, 12, 12, 2, 49	45, 40, 144, 35, 48, 60
16	27, 6, 84, 55, 49, 66	54, 30, 56, 40, 90, 24
17	77, 100, 15, 36, 12, 88	55, 72, 36, 77, 12, 70
18	72, 10, 12, 6, 20, 6	40, 77, 28, 24, 80, 44
19	33, 8, 20, 40, 60, 28	8, 80, 22, 8, 48, 48
20	10, 30, 6, 8, 24, 80	6, 18, 45, 16, 18, 55
21	30, 21, 30, 9, 45, 18	2, 8, 48, 22, 99, 64
22	8, 60, 4, 63, 54, 28	40, 12, 32, 72, 35, 6
23	54, 15, 6, 8, 7, 99	121, 66, 20, 56, 21, 8
24	36, 40, 18, 18, 99, 12	10, 40, 32, 36, 70, 110
25	9, 55, 6, 49, 2, 54	48, 9, 32, 6, 90, 30
26	12, 12, 35, 66, 36, 11	21, 90, 20, 50, 44, 14
27	32, 40, 60, 40, 28, 42	36, 96, 18, 132, 100, 63
28	12, 6, 12, 40, 72, 18	22, 20, 110, 33, 35, 132
29	66, 54, 4, 12, 56, 48	11, 16, 15, 30, 24, 48
30	50, 84, 21, 42, 108, 90	8, 9, 63, 4, 66, 2
31	14, 80, 30, 84, 81, 20	48, 36, 90, 44, 64, 45
32	48, 60, 90, 44, 64, 45	63, 48, 20, 2, 72, 10
33	18, 24, 66, 55, 6, 1	36, 72, 24, 72, 20, 24
34	77, 6, 66, 2, 60, 20	60, 16, 108, 2, 14, 18
35	99, 81, 12, 36, 7, 4	66, 2, 9, 8, 4, 8
36	96, 80, 35, 132, 15, 96	18, 84, 22, 36, 48, 20
37	32, 63, 3, 49, 108, 11	18, 100, 15, 66, 20, 72
38	42, 30, 12, 20, 7, 36	72, 35, 4, 30, 22, 49
39	110, 8, 84, 30, 10, 28	72, 50, 4, 84, 40, 28
40	60, 8, 25, 32, 24, 10	63, 16, 3, 24, 18, 12
41	40, 80, 35, 120, 27, 90	40, 72, 32, 24, 35, 4
42	12, 56, 55, 36, 99, 35	72, 4, 96, 70, 36, 110
43	24, 54, 55, 18, 50, 108	3, 9, 24, 100, 14, 40
44	35, 54, 10, 30, 72, 6	11, 16, 27, 66, 10, 100
45	84, 108, 36, 11, 2, 132	9, 6, 33, 7, 90, 33
46	[illegible]	[illegible]
47	[illegible]	[illegible]
48	[illegible]	[illegible]
49	[illegible]	[illegible]
50	[illegible]	[illegible]

Columns E / J

Day	E	J
1	27, 30, 16, 12, 42, 7	3, 24, 6, 50, 120, 66
2	44, 99, 60, 27, 15, 120	72, 33, 84, 16, 10, 40
3	24, 56, 3, 27, 24, 12	66, 22, 10, 48, 54, 3
4	40, 110, 14, 11, 35, 14	8, 110, 6, 63, 84, 27
5	16, 33, 32, 36, 10, 66	35, 36, 132, 56, 16, 6
6	16, 77, 70, 28, 1, 12	77, 24, 132, 27, 54, 42
7	24, 132, 56, 110, 15, 9	44, 4, 36, 33, 99, 108
8	60, 30, 8, 72, 49, 20	3, 48, 50, 6, 24, 60
9	4, 45, 54, 24, 1, 90	84, 10, 81, 99, 24, 2
10	40, 35, 22, 40, 9, 100	100, 30, 36, 11, 50, 8
11	20, 96, 96, 90, 77, 7	48, 6, 70, 99, 8, 33
12	7, 63, 24, 54, 11, 8	8, 32, 30, 11, 14, 30
13	40, 120, 40, 66, 99, 4	18, 20, 50, 24, 25, 18
14	18, 42, 12, 55, 45, 20	108, 88, 35, 21, 84, 42
15	30, 1, 3, 14, 54, 10	15, 12, 36, 64, 96, 32
16	108, 20, 84, 132, 100, 12	15, 16, 54, 40, 63, 72
17	48, 15, 36, 24, 99, 3	60, 2, 132, 7, 8, 63
18	72, 6, 48, 6, 27, 4	6, 77, 12, 44, 1, 8
19	64, 44, 60, 63, 24, 55	9, 10, 33, 35, 16, 60
20	45, 32, 55, 32, 8, 80	99, 15, 36, 60, 20, 30
21	10, 55, 24, 3, 10, 16	99, 8, 120, 84, 64, 20
22	63, 18, 6, 18, 72, 36	48, 18, 16, 22, 8, 20
23	60, 56, 28, 9, 33, 30	10, 90, 12, 5, 55, 27
24	24, 45, 7, 9, 20, 90	18, 5, 16, 63, 5, 36
25	24, 4, 88, 72, 88, 4	60, 16, 28, 36, 48, 120
26	20, 24, 55, 36, 35, 24	[illegible]
27	[illegible]	[illegible]
28	[illegible]	[illegible]
29	[illegible]	[illegible]
30	[illegible]	[illegible]
31	[illegible]	[illegible]
32	[illegible]	[illegible]
33	[illegible]	[illegible]
34	[illegible]	[illegible]
35	[illegible]	[illegible]
36	[illegible]	[illegible]
37	[illegible]	[illegible]
38	[illegible]	[illegible]
39	[illegible]	[illegible]
40	[illegible]	[illegible]
41	[illegible]	[illegible]
42	[illegible]	[illegible]
43	[illegible]	[illegible]
44	[illegible]	[illegible]
45	[illegible]	[illegible]
46	[illegible]	[illegible]
47	[illegible]	[illegible]
48	[illegible]	[illegible]
49	[illegible]	[illegible]
50	[illegible]	[illegible]

Answer Key Mapping

Answer Key Mapping: **Day 1** Problems & Solutions

DAY 1 — A: 14, 24, 20, 6, 40, 7 | F: 42, 11, 8, 120, 24, 10   B: 20, 15, 16, 3, 11, 4 | G: 24, 40, 2, 132, 18, 22

Row A problems:

7	8	10	2	4	7
× 2	× 3	× 2	× 3	× 10	× 1
14					7

Row B problems:

4	5	4	3	1	2
× 5	× 3	× 4	× 1	× 11	× 2

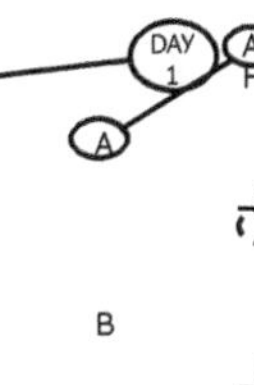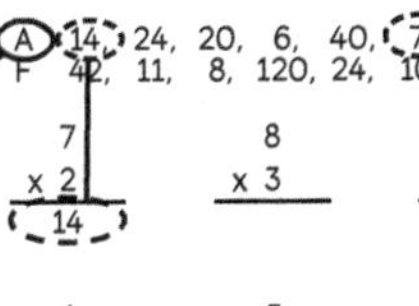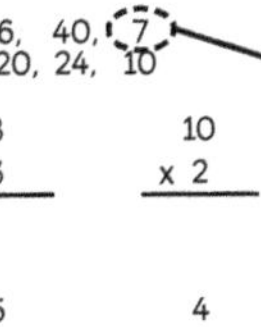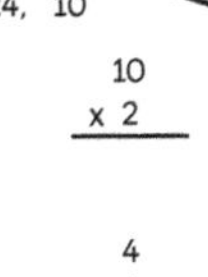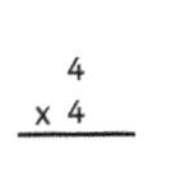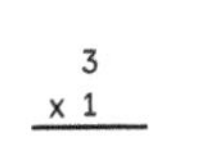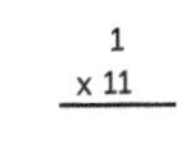

Two rows (A–J) with six columns of solutions for each day.

Division Answer Key Sheet

Each day has two printed rows of six solution values per column group (A/F, B/G, C/H, D/I, E/J).

Column group A / F

Day	Row	1	2	3	4	5	6
51	A	1	2	6	3	11	1
51	F	4	6	8	2	4	12
52	A	1	10	1	6	6	10
52	F	12	11	9	11	4	7
53	A	3	6	10	4	11	1
53	F	11	3	4	3	9	8
54	A	12	12	7	3	4	11
54	F	12	5	12	5	3	4
55	A	8	6	2	1	5	9
55	F	4	7	9	12	11	4
56	A	4	6	9	3	1	7
56	F	12	3	11	12	5	7
57	A	7	10	12	4	7	9
57	F	5	3	2	10	10	4
58	A	4	11	5	3	8	1
58	F	12	3	5	3	11	11
59	A	3	11	3	11	4	10
59	F	5	2	10	9	1	7
60	A	7	4	2	2	8	7
60	F	3	10	6	7	5	7
61	A	4	10	6	12	4	11
61	F	11	1	2	5	8	11
62–88	A	[illegible]	[illegible]	[illegible]	[illegible]	[illegible]	[illegible]
62–88	F	[illegible]	[illegible]	[illegible]	[illegible]	[illegible]	[illegible]
89	A	[illegible]	[illegible]	[illegible]	[illegible]	[illegible]	[illegible]
89	F	9	2	12	12	10	2
90	A	9	1	7	10	1	6
90	F	1	6	4	1	4	12
91	A	1	10	3	10	11	12
91	F	4	6	7	5	1	2
92	A	6	1	12	2	9	2
92	F	3	2	11	3	7	3
93	A	3	11	2	8	5	3
93	F	11	10	9	3	5	4
94	A	9	11	1	7	11	9
94	F	8	10	6	9	11	3
95	A	4	3	10	9	11	1
95	F	7	8	2	10	2	5
96	A	8	5	11	8	11	11
96	F	5	5	3	9	9	7
97	A	1	7	4	10	12	7
97	F	12	7	10	10	3	7
98	A	8	2	2	8	4	1
98	F	8	3	7	8	12	9
99	A	12	6	10	11	2	12
99	F	[illegible]	[illegible]	[illegible]	[illegible]	[illegible]	[illegible]
100	A	[illegible]	[illegible]	[illegible]	[illegible]	[illegible]	[illegible]
100	F	[illegible]	[illegible]	[illegible]	[illegible]	[illegible]	[illegible]

Column group B / G

Day	Row	1	2	3	4	5	6
51	B	1	8	8	10	5	6
51	G	3	3	2	3	8	9
52	B	11	9	1	4	11	4
52	G	11	12	5	1	8	8
53	B	6	5	7	7	10	10
53	G	10	7	8	12	6	4
54	B	7	8	12	11	11	9
54	G	4	10	5	12	9	5
55	B	10	8	8	8	1	6
55	G	12	6	12	3	9	7
56	B	3	7	7	12	7	4
56	G	9	12	9	5	6	6
57	B	1	6	11	6	10	11
57	G	3	2	3	8	5	1
58	B	7	10	2	2	9	9
58	G	4	11	2	9	9	6
59	B	8	10	12	12	12	4
59	G	3	4	7	10	7	2
60	B	12	10	5	11	4	12
60	G	3	7	3	7	9	11
61	B	4	1	5	5	6	8
61	G	1	8	9	11	2	7
62	B	12	12	11	1	2	8
62	G	6	12	2	8	11	6
63	B	4	3	9	4	1	9
63	G	6	5	6	9	12	3
64	B	3	2	2	1	5	4
64	G	7	7	6	4	4	2
65	B	12	2	8	3	9	4
65	G	1	8	2	12	7	11
66	B	5	1	2	6	3	9
66	G	8	12	2	7	9	2
67	B	8	6	4	12	7	3
67	G	4	7	9	8	4	3
68	B	9	9	5	7	4	7
68	G	12	2	12	5	9	9
69	B	10	4	1	6	8	9
69	G	2	5	8	1	5	6
70	B	7	10	11	4	6	4
70	G	4	12	2	10	9	10
71	B	9	5	7	3	3	1
71	G	6	11	11	2	8	11
72	B	1	5	10	5	11	10
72	G	6	2	7	6	6	10
73	B	10	6	8	5	1	11
73	G	11	1	5	10	10	4
74	B	5	3	9	3	11	11
74	G	12	7	10	1	11	7
75	B	10	7	9	11	11	8
75	G	6	9	2	3	9	3
76	B	10	8	2	7	7	5
76	G	2	8	4	5	10	9
77	B	2	11	7	10	11	2
77	G	6	3	2	9	10	7
78	B	10	3	6	7	2	8
78	G	11	12	6	5	10	7
79	B	9	4	11	7	10	3
79	G	2	6	7	12	7	9
80	B	6	10	10	9	3	6
80	G	9	8	8	3	2	3
81	B	10	4	9	12	5	10
81	G	5	5	11	5	9	5
82	B	4	11	11	4	11	1
82	G	2	3	8	2	6	8
83	B	5	6	8	1	9	10
83	G	9	8	11	8	3	8
84	B	2	12	8	6	7	5
84	G	2	2	11	6	3	10
85	B	8	8	3	1	6	8
85	G	2	11	2	11	12	2
86	B	4	12	10	11	9	6
86	G	6	12	12	5	8	9
87	B	8	5	1	11	1	4
87	G	9	2	10	2	5	5
88	B	11	9	1	9	7	9
88	G	4	1	9	9	2	9
89	B	6	3	11	5	9	5
89	G	9	6	10	9	6	7
90	B	8	5	10	12	4	7
90	G	10	6	12	2	1	10
91	B	3	11	12	7	12	3
91	G	1	3	4	7	1	5
92	B	7	12	3	3	10	2
92	G	3	2	1	9	12	9
93	B	4	9	12	10	10	1
93	G	2	5	5	6	3	4
94	B	8	12	5	10	5	10
94	G	12	9	8	1	5	6
95	B	11	8	2	4	10	3
95	G	12	3	8	10	3	6
96	B	2	11	7	11	12	7
96	G	9	8	7	4	3	9
97	B	1	9	8	3	10	10
97	G	8	6	12	3	2	6
98	B	5	2	12	6	5	2
98	G	9	6	6	9	11	6
99	B	[illegible]	[illegible]	[illegible]	[illegible]	[illegible]	[illegible]
99	G	[illegible]	[illegible]	[illegible]	[illegible]	[illegible]	[illegible]
100	B	[illegible]	[illegible]	[illegible]	[illegible]	[illegible]	[illegible]
100	G	2	3	4	3	4	12

Column group C / H

Day	Row	1	2	3	4	5	6
51	C	2	9	8	10	9	11
51	H	7	5	6	4	9	6
52	C	10	9	8	5	9	5
52	H	4	1	4	6	3	7
53	C	6	6	9	12	10	8
53	H	7	9	2	6	9	8
54	C	11	12	7	4	4	2
54	H	6	11	3	1	3	6
55	C	5	1	7	2	6	4
55	H	8	9	7	9	8	11
56	C	6	6	1	9	11	2
56	H	2	4	12	5	9	7
57	C	6	5	8	9	1	7
57	H	4	4	10	9	3	12
58	C	10	10	7	5	5	1
58	H	5	11	2	10	11	1
59	C	11	1	9	12	7	5
59	H	12	12	9	1	12	9
60	C	1	1	6	10	1	1
60	H	7	7	5	8	3	12
61	C	5	10	5	7	1	3
61	H	2	4	3	4	6	2
62	C	12	5	9	7	7	7
62	H	6	11	2	12	9	12
63	C	1	4	8	2	1	5
63	H	1	1	5	8	4	11
64	C	8	8	5	4	11	8
64	H	2	5	2	12	10	2
65	C	4	10	6	4	9	9
65	H	1	7	7	10	1	7
66	C	12	9	4	4	8	2
66	H	10	6	11	7	5	10
67	C	11	9	11	6	1	10
67	H	12	8	3	10	1	6
68	C	11	6	9	1	2	6
68	H	4	1	2	2	9	7
69	C	3	11	4	12	5	5
69	H	9	6	1	6	11	3
70	C	7	8	3	1	5	8
70	H	1	8	6	1	7	12
71	C	7	4	9	9	6	8
71	H	6	2	3	2	5	6
72	C	4	1	5	8	6	3
72	H	11	8	11	1	3	5
73	C	7	11	3	7	12	11
73	H	4	2	2	11	1	8
74	C	4	1	10	8	11	10
74	H	12	12	11	6	2	2
75	C	12	9	12	2	10	2
75	H	12	2	12	12	8	1
76	C	3	10	4	12	9	1
76	H	1	3	10	2	12	1
77	C	8	9	9	1	4	12
77	H	9	9	1	4	3	4
78	C	1	8	9	7	8	8
78	H	11	1	3	12	3	12
79	C	10	4	3	12	5	9
79	H	10	2	7	3	12	1
80	C	5	6	11	9	10	1
80	H	11	12	9	2	12	2
81	C	6	10	5	12	7	8
81	H	7	9	3	3	8	1
82	C	1	8	11	8	10	11
82	H	4	5	7	6	3	4
83	C	2	7	8	8	4	8
83	H	7	8	12	8	11	8
84	C	10	6	3	10	2	3
84	H	9	5	5	2	4	5
85	C	12	6	8	3	2	4
85	H	1	3	4	6	8	3
86	C	2	11	10	1	11	4
86	H	9	8	5	7	4	6
87	C	2	3	7	12	2	9
87	H	3	2	5	8	6	11
88	C	7	10	5	1	3	9
88	H	3	6	9	8	12	3
89	C	8	7	7	9	2	3
89	H	7	3	10	3	5	3
90	C	3	7	12	6	7	1
90	H	1	2	5	2	4	12
91	C	12	2	8	4	5	5
91	H	1	3	1	10	3	4
92	C	4	5	8	3	10	7
92	H	5	11	12	8	4	3
93	C	3	10	8	5	8	7
93	H	12	11	6	7	2	12
94	C	6	4	9	12	10	6
94	H	3	5	11	12	7	12
95	C	1	8	10	8	7	3
95	H	4	10	2	1	9	8
96	C	3	6	10	5	1	10
96	H	9	5	4	5	8	6
97	C	4	5	11	2	7	12
97	H	3	6	9	3	1	5
98	C	3	5	7	2	2	3
98	H	3	11	12	12	6	1
99	C	11	1	5	10	4	4
99	H	[illegible]	[illegible]	[illegible]	[illegible]	[illegible]	[illegible]
100	C	[illegible]	[illegible]	[illegible]	[illegible]	[illegible]	[illegible]
100	H	[illegible]	[illegible]	[illegible]	[illegible]	[illegible]	[illegible]

Column group D / I

Day	Row	1	2	3	4	5	6
51	D	12	7	4	8	9	8
51	I	6	7	10	1	12	10
52	D	12	2	9	4	8	10
52	I	5	10	11	11	6	10
53	D	4	4	3	5	1	3
53	I	1	6	3	10	2	11
54	D	10	12	11	7	11	10
54	I	7	9	6	7	6	7
55	D	10	8	9	8	7	10
55	I	1	3	3	12	2	3
56	D	7	6	2	9	2	11
56	I	6	4	10	10	11	8
57	D	9	3	12	9	11	11
57	I	11	8	10	11	3	10
58	D	5	4	9	3	5	4
58	I	9	1	5	11	7	6
59	D	6	12	2	8	9	6
59	I	1	8	10	2	9	5
60	D	12	3	2	4	2	10
60	I	6	1	9	10	4	4
61	D	7	12	5	10	4	1
61	I	12	2	6	12	4	10
62	D	12	3	8	4	12	4
62	I	2	1	8	8	5	10
63	D	10	10	6	3	7	4
63	I	10	10	1	4	1	12
64	D	1	5	1	3	8	5
64	I	3	5	9	8	4	2
65	D	1	10	8	6	7	8
65	I	7	12	9	5	9	10
66	D	7	7	7	8	2	10
66	I	11	7	1	7	12	1
67	D	1	5	1	5	3	9
67	I	3	10	11	11	3	5
68	D	6	3	3	3	8	12
68	I	12	1	10	4	6	11
69	D	3	6	7	9	8	5
69	I	10	7	1	1	1	6
70	D	2	9	4	1	11	7
70	I	1	11	8	5	9	12
71	D	10	4	11	3	6	12
71	I	5	1	12	4	4	8
72	D	4	2	11	6	10	12
72	I	1	8	4	2	4	3
73	D	3	3	9	7	10	9
73	I	3	2	10	2	7	1
74	D	5	7	1	4	11	2
74	I	3	11	8	10	8	9
75	D	2	10	4	1	5	5
75	I	12	6	2	5	1	1
76	D	10	1	2	5	11	12
76	I	6	1	12	4	3	6
77	D	8	9	4	2	11	12
77	I	1	9	8	2	12	11
78	D	9	4	7	5	2	7
78	I	3	11	11	5	4	4
79	D	5	9	1	4	12	11
79	I	1	1	9	5	11	1
80	D	3	12	12	2	2	7
80	I	3	5	11	5	8	11
81	D	3	12	7	2	6	5
81	I	1	12	4	5	10	4
82	D	3	10	5	1	1	9
82	I	3	8	11	12	3	7
83	D	4	5	4	12	10	5
83	I	4	3	5	5	4	1
84	D	10	1	12	2	7	11
84	I	6	4	5	11	2	5
85	D	8	5	11	4	9	2
85	I	7	12	6	3	1	12
86	D	6	12	11	9	6	10
86	I	12	4	4	7	5	7
87	D	7	4	7	10	9	12
87	I	7	3	4	5	10	8
88	D	2	5	11	8	2	6
88	I	11	3	3	5	2	2
89	D	11	8	8	10	12	6
89	I	8	11	4	2	10	2
90	D	4	4	9	5	12	7
90	I	9	3	8	8	9	7
91	D	7	1	9	7	1	10
91	I	1	4	7	5	8	10
92	D	4	8	5	9	3	3
92	I	11	4	2	2	4	12
93	D	8	1	11	7	5	4
93	I	10	11	1	7	12	5
94	D	11	1	1	11	4	8
94	I	11	10	7	2	2	1
95	D	2	6	3	11	4	9
95	I	1	6	4	1	6	4
96	D	4	7	5	5	2	2
96	I	5	12	1	6	4	3
97	D	3	9	4	9	1	6
97	I	10	9	2	8	10	7
98	D	1	3	1	5	10	8
98	I	1	6	6	12	9	10
99	D	[illegible]	[illegible]	[illegible]	[illegible]	[illegible]	[illegible]
99	I	[illegible]	[illegible]	[illegible]	[illegible]	[illegible]	[illegible]
100	D	[illegible]	[illegible]	[illegible]	[illegible]	[illegible]	[illegible]
100	I	[illegible]	[illegible]	[illegible]	[illegible]	[illegible]	[illegible]

Column group E / J

Day	Row	1	2	3	4	5	6
51	E	2	3	4	5	10	8
51	J	3	5	1	3	6	10
52	E	7	8	1	8	6	12
52	J	1	11	7	7	12	12
53	E	11	5	1	3	7	4
53	J	6	10	2	12	11	8
54	E	6	6	11	9	7	11
54	J	5	6	1	2	2	5
55	E	11	11	8	7	11	8
55	J	1	8	10	11	9	3
56	E	4	8	2	11	12	1
56	J	10	5	4	8	10	4
57	E	7	2	3	1	9	4
57	J	10	2	8	10	11	1
58	E	12	3	12	11	12	8
58	J	12	6	8	7	11	2
59	E	12	7	10	8	5	4
59	J	10	6	1	10	3	2
60	E	6	8	5	5	4	1
60	J	8	6	1	6	7	9
61	E	5	2	6	2	12	3
61	J	11	3	11	6	8	4
62	E	2	2	1	7	12	1
62	J	9	3	6	12	7	7
63	E	2	6	1	11	2	2
63	J	7	4	11	2	10	2
64	E	4	8	5	8	9	12
64	J	9	12	8	8	11	2
65	E	3	5	5	3	4	11
65	J	11	10	5	11	7	7
66	E	11	12	4	1	4	6
66	J	11	9	4	4	11	9
67	E	4	2	6	4	12	11
67	J	3	9	10	9	2	11
68	E	7	4	5	3	3	9
68	J	9	7	3	7	6	7
69	E	12	1	5	7	10	7
69	J	5	2	7	6	12	10
70	E	12	11	12	12	4	5
70	J	7	11	12	4	3	7
71	E	5	4	8	6	6	5
71	J	6	9	2	9	11	3
72	E	6	7	6	2	8	1
72	J	2	7	10	2	4	12
73	E	7	11	1	1	2	8
73	J	9	6	10	8	1	6
74	E	5	3	10	3	7	7
74	J	5	1	5	6	1	12
75	E	11	1	12	6	9	5
75	J	9	1	9	5	5	2
76	E	5	2	3	10	8	7
76	J	9	12	2	12	4	6
77	E	4	12	5	9	6	2
77	J	9	7	11	8	6	10
78	E	8	11	11	9	11	9
78	J	8	11	1	5	6	5
79	E	3	6	10	12	4	12
79	J	3	4	9	2	9	11
80	E	2	2	6	10	1	8
80	J	1	8	7	1	2	3
81	E	6	11	12	6	4	10
81	J	1	2	8	12	10	6
82	E	10	8	2	5	1	3
82	J	10	6	11	8	10	1
83	E	4	10	10	11	7	10
83	J	2	12	6	6	1	9
84	E	12	1	6	3	4	5
84	J	3	11	3	12	11	6
85	E	5	10	6	7	6	4
85	J	4	11	2	5	10	10
86	E	9	11	8	1	1	1
86	J	9	2	3	2	4	7
87	E	12	11	7	2	5	8
87	J	6	9	2	1	7	10
88	E	11	2	11	12	4	9
88	J	7	5	8	12	7	6
89	E	6	5	5	2	7	5
89	J	5	3	9	11	12	9
90	E	4	4	10	6	11	8
90	J	7	3	5	10	7	7
91	E	3	7	11	12	11	3
91	J	11	6	3	3	12	3
92	E	9	10	2	8	7	9
92	J	3	7	6	10	2	10
93	E	10	8	3	6	3	7
93	J	9	6	1	11	3	9
94	E	10	9	10	12	7	4
94	J	12	2	12	1	9	7
95	E	11	12	8	7	11	2
95	J	11	6	2	7	7	3
96	E	6	4	9	11	7	9
96	J	12	3	1	5	9	11
97	E	11	9	9	11	7	12
97	J	6	3	9	8	10	7
98	E	12	10	1	9	1	6
98	J	2	8	1	10	2	6
99	E	[illegible]	[illegible]	[illegible]	[illegible]	[illegible]	[illegible]
99	J	[illegible]	[illegible]	[illegible]	[illegible]	[illegible]	[illegible]
100	E	[illegible]	[illegible]	[illegible]	[illegible]	[illegible]	[illegible]
100	J	[illegible]	[illegible]	[illegible]	[illegible]	[illegible]	[illegible]

Answer Key Mapping:

Day 51 Problems & Solutions

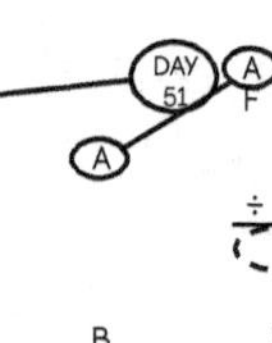
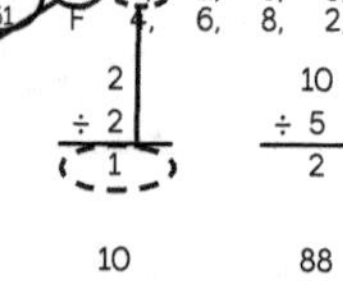
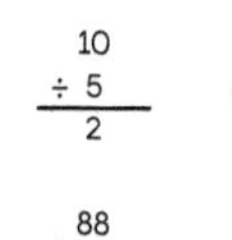
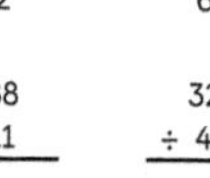
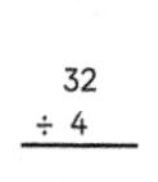
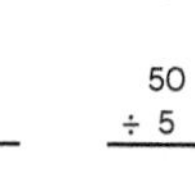
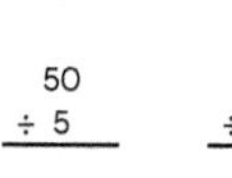
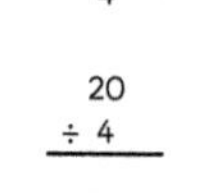
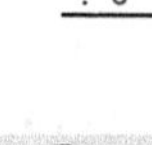

DAY 51 — A: 1, 2, 6, 3, 11, 1 | F: 2, 6, 8, 2, 4, 12 — B: 1, 8, 8, 10, 5, 6 | G: 3, 3, 2, 3, 8, 9

Row A:

$$\frac{2}{\div 2} = 1 \qquad \frac{10}{\div 5} = 2 \qquad \frac{72}{\div 12} = 6 \qquad \frac{27}{\div 9} = 3 \qquad \frac{44}{\div 4} = 11 \qquad \frac{11}{\div 11} = 1$$

Row B:

$$\frac{10}{\div 10} \qquad \frac{88}{\div 11} \qquad \frac{32}{\div 4} \qquad \frac{50}{\div 5} \qquad \frac{20}{\div 4} \qquad \frac{18}{\div 3}$$

Two rows (A–J) with six columns of solutions for each day.

Multiplication Tables Sheet

1 Times Table
1 x 1 = 1
1 x 2 = 2
1 x 3 = 3
1 x 4 = 4
1 x 5 = 5
1 x 6 = 6
1 x 7 = 7
1 x 8 = 8
1 x 9 = 9
1 x 10 = 10
1 x 11 = 11
1 x 12 = 12

2 Times Table
2 x 1 = 2
2 x 2 = 4
2 x 3 = 6
2 x 4 = 8
2 x 5 = 10
2 x 6 = 12
2 x 7 = 14
2 x 8 = 16
2 x 9 = 18
2 x 10 = 20
2 x 11 = 22
2 x 12 = 24

3 Times Table
3 x 1 = 3
3 x 2 = 6
3 x 3 = 9
3 x 4 = 12
3 x 5 = 15
3 x 6 = 18
3 x 7 = 21
3 x 8 = 24
3 x 9 = 27
3 x 10 = 30
3 x 11 = 33
3 x 12 = 36

4 Times Table
4 x 1 = 4
4 x 2 = 8
4 x 3 = 12
4 x 4 = 16
4 x 5 = 20
4 x 6 = 24
4 x 7 = 28
4 x 8 = 32
4 x 9 = 36
4 x 10 = 40
4 x 11 = 44
4 x 12 = 48

5 Times Table
5 x 1 = 5
5 x 2 = 10
5 x 3 = 15
5 x 4 = 20
5 x 5 = 25
5 x 6 = 30
5 x 7 = 35
5 x 8 = 40
5 x 9 = 45
5 x 10 = 50
5 x 11 = 55
5 x 12 = 60

6 Times Table
6 x 1 = 6
6 x 2 = 12
6 x 3 = 18
6 x 4 = 24
6 x 5 = 30
6 x 6 = 36
6 x 7 = 42
6 x 8 = 48
6 x 9 = 54
6 x 10 = 60
6 x 11 = 66
6 x 12 = 72

7 Times Table
7 x 1 = 7
7 x 2 = 14
7 x 3 = 21
7 x 4 = 28
7 x 5 = 35
7 x 6 = 42
7 x 7 = 49
7 x 8 = 56
7 x 9 = 63
7 x 10 = 70
7 x 11 = 77
7 x 12 = 84

8 Times Table
8 x 1 = 8
8 x 2 = 16
8 x 3 = 24
8 x 4 = 32
8 x 5 = 40
8 x 6 = 48
8 x 7 = 56
8 x 8 = 64
8 x 9 = 72
8 x 10 = 80
8 x 11 = 88
8 x 12 = 96

9 Times Table
9 x 1 = 9
9 x 2 = 18
9 x 3 = 27
9 x 4 = 36
9 x 5 = 45
9 x 6 = 54
9 x 7 = 63
9 x 8 = 72
9 x 9 = 81
9 x 10 = 90
9 x 11 = 99
9 x 12 = 108

10 Times Table
10 x 1 = 10
10 x 2 = 20
10 x 3 = 30
10 x 4 = 40
10 x 5 = 50
10 x 6 = 60
10 x 7 = 70
10 x 8 = 80
10 x 9 = 90
10 x 10 = 100
10 x 11 = 110
10 x 12 = 120

11 Times Table
11 x 1 = 11
11 x 2 = 22
11 x 3 = 33
11 x 4 = 44
11 x 5 = 55
11 x 6 = 66
11 x 7 = 77
11 x 8 = 88
11 x 9 = 99
11 x 10 = 110
11 x 11 = 121
11 x 12 = 132

12 Times Table
12 x 1 = 12
12 x 2 = 24
12 x 3 = 36
12 x 4 = 48
12 x 5 = 60
12 x 6 = 72
12 x 7 = 84
12 x 8 = 96
12 x 9 = 108
12 x 10 = 120
12 x 11 = 132
12 x 12 = 144

Division Tables Sheet

1 Times Table

1 ÷ 1 = 1
2 ÷ 1 = 2
3 ÷ 1 = 3
4 ÷ 1 = 4
5 ÷ 1 = 5
6 ÷ 1 = 6
7 ÷ 1 = 7
8 ÷ 1 = 8
9 ÷ 1 = 9
10 ÷ 1 = 10
11 ÷ 1 = 11
12 ÷ 1 = 12

2 Times Table

2 ÷ 2 = 1
4 ÷ 2 = 2
6 ÷ 2 = 3
8 ÷ 2 = 4
10 ÷ 2 = 5
12 ÷ 2 = 6
14 ÷ 2 = 7
16 ÷ 2 = 8
18 ÷ 2 = 9
20 ÷ 2 = 10
22 ÷ 2 = 11
24 ÷ 2 = 12

3 Times Table

3 ÷ 3 = 1
6 ÷ 3 = 2
9 ÷ 3 = 3
12 ÷ 3 = 4
15 ÷ 3 = 5
18 ÷ 3 = 6
21 ÷ 3 = 7
24 ÷ 3 = 8
27 ÷ 3 = 9
30 ÷ 3 = 10
33 ÷ 3 = 11
36 ÷ 3 = 12

4 Times Table

4 ÷ 4 = 1
8 ÷ 4 = 2
12 ÷ 4 = 3
16 ÷ 4 = 4
20 ÷ 4 = 5
24 ÷ 4 = 6
28 ÷ 4 = 7
32 ÷ 4 = 8
36 ÷ 4 = 9
40 ÷ 4 = 10
44 ÷ 4 = 11
48 ÷ 4 = 12

5 Times Table

5 ÷ 5 = 1
10 ÷ 5 = 2
15 ÷ 5 = 3
20 ÷ 5 = 4
25 ÷ 5 = 5
30 ÷ 5 = 6
35 ÷ 5 = 7
40 ÷ 5 = 8
45 ÷ 5 = 9
50 ÷ 5 = 10
55 ÷ 5 = 11
60 ÷ 5 = 12

6 Times Table

6 ÷ 6 = 1
12 ÷ 6 = 2
18 ÷ 6 = 3
24 ÷ 6 = 4
30 ÷ 6 = 5
36 ÷ 6 = 6
42 ÷ 6 = 7
48 ÷ 6 = 8
54 ÷ 6 = 9
60 ÷ 6 = 10
66 ÷ 6 = 11
72 ÷ 6 = 12

7 Times Table

7 ÷ 7 = 1
14 ÷ 7 = 2
21 ÷ 7 = 3
28 ÷ 7 = 4
35 ÷ 7 = 5
42 ÷ 7 = 6
49 ÷ 7 = 7
56 ÷ 7 = 8
63 ÷ 7 = 9
70 ÷ 7 = 10
77 ÷ 7 = 11
84 ÷ 7 = 12

8 Times Table

8 ÷ 8 = 1
16 ÷ 8 = 2
24 ÷ 8 = 3
32 ÷ 8 = 4
40 ÷ 8 = 5
48 ÷ 8 = 6
56 ÷ 8 = 7
64 ÷ 8 = 8
72 ÷ 8 = 9
80 ÷ 8 = 10
88 ÷ 8 = 11
96 ÷ 8 = 12

9 Times Table

9 ÷ 9 = 1
18 ÷ 9 = 2
27 ÷ 9 = 3
36 ÷ 9 = 4
45 ÷ 9 = 5
54 ÷ 9 = 6
63 ÷ 9 = 7
72 ÷ 9 = 8
81 ÷ 9 = 9
90 ÷ 9 = 10
99 ÷ 9 = 11
108 ÷ 9 = 12

10 Times Table

10 ÷ 10 = 1
20 ÷ 10 = 2
30 ÷ 10 = 3
40 ÷ 10 = 4
50 ÷ 10 = 5
60 ÷ 10 = 6
70 ÷ 10 = 7
80 ÷ 10 = 8
90 ÷ 10 = 9
100 ÷ 10 = 10
110 ÷ 10 = 11
120 ÷ 10 = 12

11 Times Table

11 ÷ 11 = 1
22 ÷ 11 = 2
33 ÷ 11 = 3
44 ÷ 11 = 4
55 ÷ 11 = 5
66 ÷ 11 = 6
77 ÷ 11 = 7
88 ÷ 11 = 8
99 ÷ 11 = 9
110 ÷ 11 = 10
121 ÷ 11 = 11
132 ÷ 11 = 12

12 Times Table

12 ÷ 12 = 1
24 ÷ 12 = 2
36 ÷ 12 = 3
48 ÷ 12 = 4
60 ÷ 12 = 5
72 ÷ 12 = 6
84 ÷ 12 = 7
96 ÷ 12 = 8
108 ÷ 12 = 9
120 ÷ 12 = 10
132 ÷ 12 = 11
144 ÷ 12 = 12

Certificate of Excellence Award in
Multiplication & Division
Facts 1 to 12
Congratulations!
You are a Star!
abcZbook
By:
Date: